Hoffmann · Erwin Schrödinger

1 Erwin Schrödinger
(12. 8. 1887
bis 4. 1. 1961)

Biographien
hervorragender Naturwissenschaftler,
Techniker und Mediziner

Band 66

Erwin Schrödinger

Dr. Dieter Hoffmann, Berlin

Mit 13 Abbildungen

BSB B.G. Teubner Verlagsgesellschaft · 1984

Herausgegeben von
D. Goetz (Potsdam), I. Jahn (Berlin), E. Wächtler, (Freiberg),
H. Wußing (Leipzig)
Verantwortlicher Herausgeber: D. Goetz

ISBN 978-3-322-00586-1   ISBN 978-3-322-92064-5 (eBook)
DOI 10.1007/ 978-3-322-92064-5

© BSB B. G. Teubner Verlagsgesellschaft, Leipzig, 1984

1. Auflage
VLN 294-375/49/84 · LSV 1108
Lektor: Hella Müller

Gesamtherstellung: Elbe-Druckerei Wittenberg IV-28-1-409
Bestell-Nr. 666 080 5
00480

Vorwort

In den 74 Jahren, die zwischen Geburt und Tod Erwin Schrödingers liegen, vollzog sich auf dem Gebiet der Physik eine gewaltige und tiefgreifende Umwälzung ihrer Grundlagen. Die Geburtsstunde dessen, was wir heute oft etwas vereinfachend mit dem Begriff des „Atomzeitalters" zu umschreiben versuchen, fiel in die Zeit seiner Jugend und des Studiums. Es entstanden Relativitäts- und Quantentheorie. Gerade mit der letzteren ist der Name Erwin Schrödingers untrennbar verbunden, hat er doch zu ihrer Weiterentwicklung maßgeblich beigetragen. Die von ihm aufgestellte quantenmechanische Wellengleichung wurde zu einer wichtigen Grundgleichung dieses Gebietes und weist ihn als einen der ganz Großen der Physik aus. Jenes Verfahren zur Lösung quantenmechanischer Probleme – die Schrödingergleichung – genießt unter den Physikern nach wie vor eine solch uneingeschränkte Popularität und Anwendungsbreite, daß Schrödingers Name wohl einer der am häufigsten zitierten in der physikalischen Fachliteratur ist.

Dem überragenden Wissenschaftler tritt im Falle Erwin Schrödingers die Faszination einer einzigartigen Persönlichkeit zur Seite, eine Faszination, die ihren Ursprung in einer universellen Bildung hat. Er verkörpert den Typus eines Gelehrten, der die engen Grenzen des Fachspezialistentums überschreitet und der in unserem Jahrhundert rar geworden ist. Erwin Schrödinger verstand sich als ein eminent philosophischer Physiker. Für ihn besaß die Lösung des wissenschaftlichen Einzelproblems nur Wert in bezug auf die großen, fachübergreifenden Zusammenhänge menschlicher Erkenntnisgewinnung, und insofern wollte er mit seiner Wissenschaft einen sehr viel größeren Personenkreis als nur seine Physik-Fachkollegen erreichen.

Sicherlich hat er dabei manche Auffassungen vertreten, die heute in einem anderen Licht erscheinen oder die sogar falsch sind, doch werden die Schrödingerschen Schriften von einer so ungewöhnlichen Darstellungskunst geprägt, daß allein schon die Lektüre ein intellektueller und ästhetischer Genuß wird. Vielen seiner Zeitgenossen erschien er als Repräsentant universeller Bildung: Er sprach fließend Englisch, Französisch, Spanisch und Italienisch, beherrschte ebenso das Lateinische und Griechische, las die großen Werke der Weltliteratur am liebsten im Original und ist auch auf künstlerischem Gebiet mit eigenen Gedichten hervorgetreten. Daneben verfügte er über tiefgründige Kenntnisse in Philosophie und Geschichte sowie in vielen anderen Wissensgebieten. Der geniale Schöpfer der Wellenmechanik, der beinahe wie die Verkörperung eines der letzten Universalgenies anmutet, hat in seinem ereignisreichen Leben zahllose Ehrungen und höchste Anerkennung durch seine Zeitgenossen erfahren, und doch meinte er voller Bescheidenheit: „Ich habe keinen solchen Respekt vor meiner Persönlichkeit, daß ich mich hinsetze und mühsam Vergangenes zusammenschreibe."

Uns scheint heute dieser Respekt gegenüber Erwin Schrödinger mehr als selbstverständlich, und die hier vorliegende kleine Lebensskizze des Gelehrten mag hiervon Zeugnis ablegen. Der Autor des Bändchens hat sich dabei bemüht, die wesentlichen Momente im vielseitigen Schaffen Erwin Schrödingers objektiv zu analysieren und einer kritischen Würdigung zu unterziehen. Um einen unmittelbaren Eindruck von der Persönlichkeit des Gelehrten zu vermitteln, wurde möglichst oft aus Schrödingerschen Schriften zitiert.

Allen Kollegen und Freunden, die zum Zustandekommen dieser Biographie beitrugen, sei an dieser Stelle herzlich gedankt. Ganz besonderer Dank gilt den Herren Prof. Dr. F. Herneck (Berlin), Prof. Dr. H. Melcher (Potsdam) und Dr. W. Bordel (Berlin) für wichtige Anregungen und die zur Verfügung gestellten Materialien. Weiterhin habe ich Frau Prof. Dr. D. Goetz (Potsdam) und Herrn Prof. Dr. H. Laitko (Berlin) für wertvolle Kritik und das fördernde Interesse an dieser Arbeit zu danken. Frau R. Braunitzer (Alpbach), der Tochter Erwin Schrödingers, und der Bibliothek des Niels-Bohr-Instituts Kopenhagen möchte ich für die Überlassung von Bildmaterial ebenfalls Dank sagen. Schließlich habe ich meiner Frau für die sorgfältige und kritische Durchsicht des Manuskripts und für die Hilfe bei der Korrektur zu danken.

Berlin, Herbst 1982 Dieter Hoffmann

Inhalt

Jugend- und Studienzeit

Erwin Schrödinger wurde am 12. August 1887 in Wien geboren. Die „sehr lebensfrohe und ungezwungene" Atmosphäre seiner Vaterstadt, die damals als Hauptstadt der österreichisch-ungarischen Donaumonarchie ein ebenso bedeutendes wirtschaftliches wie geistiges Zentrum darstellte, prägte Lebenshaltung und Charakter des jungen Schrödinger und ließ ihn zu einem echten Wiener werden, der sowohl für Kunst als auch für Wissenschaft großes Interesse empfand. Hinzu kam, daß das Elternhaus eine solche Entwicklung in jeder nur denkbaren Weise unterstützte und die Grundlage für das hohe Maß an allgemeiner Bildung und Interessenvielfalt, die den Physiker zeitlebens auszeichneten, zu legen verstand.

Rudolf Schrödinger, der Vater des Physikers, besaß eine ererbte Wachstuchmanufaktur, die ihm und seiner Familie nicht nur eine sorgenfreie Existenz ermöglichte, sondern es gestattete, daß er neben den Geschäften auch seinen ausgeprägten naturwissenschaftlichen Neigungen nachgehen konnte. So trat er in der Wiener zoologisch-botanischen Gesellschaft mit mehreren wissenschaftlichen Abhandlungen hervor, war deren langjähriger Vizepräsident und galt auch sonst als Mann von hoher Bildung und Kultur. Die Mutter, Tochter des Chemikers Alexander Bauer, bei dem Rudolf Schrödinger einige Semester Chemie gehört hatte, wird als fürsorgliche und von Natur aus heitere Frau geschildert, die ihrem Sohn Fürsorge, Wärme und Verständnis entgegengebracht haben mag. Kindheit und Jugend Erwin Schrödingers waren wohlbehütet, wobei dem Heranwachsenden nicht nur in jeder Hinsicht Unterstützung und Aufmerksamkeit entgegengebracht wurden, sondern er im Vater zudem noch einen einfühlsamen „Freund, Lehrer und unermüdlichen Gesprächspartner" hatte.

Die finanziellen Verhältnisse der Familie ermöglichten es, daß Erwin Schrödinger bis zum elften Lebensjahr nicht die öffentliche Volksschule besuchen mußte, statt dessen wurde ihm der Unterricht zweimal wöchentlich von einem Hauslehrer erteilt. Nach erfolgreich bestandener Aufnahmeprüfung trat er im Jahre 1898 in das hochangesehene Akademische Gymnasium Wiens ein. Hier genoß Erwin Schrödinger eine Schulbildung, die traditionsgemäß humanistisch orientiert war und den Schwerpunkt auf die alten Sprachen Latein und Griechisch legte. Mathematik, Physik und die anderen Naturwissenschaften standen demgegenüber im Stundenmaß weit zurück, doch vermochte eine auf logisches Denken, theoretisches Urteilsvermögen und intellektuelle Beweglichkeit orientierte Bildungsarbeit jenen Mangel an Faktenwissen wettzumachen, der bei Schrödinger und vielen seiner Zeitgenossen eine erfolgreiche Karriere auf naturwissenschaftlichem Gebiet vielleicht hätte verhindern können. Allerdings war Schrödinger auch ein ausgezeichneter Schüler, der in allen Klassenstufen Primus war. Rückblickend schrieb er über diese Zeit:

Ich war guter Schüler, ohne Unterschied der Fächer, liebte Mathematik und Physik, aber auch die strenge Logik der alten Grammatiken, hasste nur das Memorieren der „zufälligen" historischen und biographischen Daten und Tatsachen. Die deutschen Dichter liebte ich, besonders die Dramatiker, hasste aber das schulmäßige Zerpflücken ihrer Werke. [27, S. 86]

Für die Begabung und den Leistungswillen des Jungen sprach, daß er in seiner Freizeit kaum Zeit für die Wiederholung des Schulstoffes aufbringen mußte und daß er dafür sehr viel Aufmerksamkeit dem Erlernen moderner Fremdsprachen und der Pflege seiner literarischen Interessen schenken konnte. Ein tiefes Verständnis empfand er für die Dichtung des österreichischen Klassikers Franz Grillparzer; vieles von ihm kannte er auswendig oder hatte es in Aufführungen der Wiener Theater, deren eifriger Besucher er war, gesehen. Für Erwin Schrödinger, der später sechs Sprachen beherrschte, Nachdichtungen aus dem Englischen besorgte und selbst mit einem kleinen Gedichtband an die Öffentlichkeit getreten ist, mag das Bekenntnis seines großen Landsmannes und Fachkollegen Ludwig Boltzmann, daß es ohne Schiller zwar einen Mann mit gleicher Bart- und Nasenform, aber niemals ihn selbst geben könne, gleichermaßen zutreffend erscheinen.
Dennoch bestanden nach der glänzend abgeschlossenen Reifeprüfung für den jungen Schrödinger keinerlei Zweifel, welche Studienfächer er wählen sollte. Mathematik und Physik waren inzwischen eindeutig seine bevorzugten Interessengebiete geworden.

Im Herbst des Jahres 1906 ließ er sich an der Universität seiner Heimatstadt auch für diese Fachrichtungen immatrikulieren. Wien verfügte zur damaligen Zeit über bedeutende Traditionen in der Physik: nach Josef Loschmidt und Josef Stefan hatte hier bis zu seinem tragischen Tod im Sommer 1906 Ludwig Boltzmann gewirkt und dem physikalischen Institut den Stempel seiner überragenden Persönlichkeit aufgedrückt. Neben Boltzmann, der Direktor des ersten physikalischen Instituts und Professor für theoretische Physik war, wirkte seit dem Jahre 1891 am zweiten physikalischen Institut der Experimentalphysiker Franz Exner. Obwohl Exner im Hinblick auf seine wissenschaftliche Leistung weit hinter dem Genie eines Ludwig Boltzmann zurückstand, wurde das Exnersche Institut für eine ganze Generation österreichischer Physiker zum schulenbildenden Zentrum. Hier „stampfte er junge Talente aus dem Boden" – wie Albert Einstein es einmal in bezug auf Arnold Sommerfeld sagte [85, S. 98] –, und die große Zahl namhafter Schüler wie Fritz Ehrenhaft, Fritz Hasenöhrl, Victor Hess, Karl Friedrich Wilhelm Kohlrausch, Stefan Meyer, Marian von Smoluchowski oder Egon von Schweidler, beweist dies eindrucksvoll. Auch Erwin Schrödinger war bald von der Persönlichkeit Franz Exners angetan. Nicht nur, daß dessen glänzende Experimentalvorlesungen dem jungen Studenten einen ersten lebendigen Eindruck von den Schönheiten der Physik vermittelten und ihn in die Anfangsgründe dieser Wissenschaft einweihten, sondern Exner beeinflußte Schrödinger auch sonst ganz nachhaltig.

Als geschickter Pädagoge, dem das Gedeihen seiner Schüler am Herzen lag, bemühte er sich, Schrödinger in jeder nur denkbaren Weise zu fördern und die geistigen Kräfte des jungen Studenten in gehöriger Weise herauszufordern. Das fruchtbare Lehrer-Schüler-Verhältnis mag dabei von dem Umstand profitiert haben, daß beide Persönlichkeiten eine umfassende humanistische Bildung besaßen und neben der Physik auch in den anderen Naturwissenschaften sowie auf philosophischem Gebiet über ein gediegenes Fachwissen verfügten. Nicht zufällig findet man später die ersten wissenschaftlichen Untersuchungen von Schrödinger gerade in den Bereichen, auf die sich ebenfalls die Interessen Franz Exners konzentrierten: atmosphärische Elektrizität, Meteorologie und physikalische Farbenlehre. Darüber hinaus war es der an philosophi-

schen und methodologischen Fragen außerordentlich interessierte
Exner, der nicht nur die Aufmerksamkeit des jungen Schrödinger
auf solche Probleme gelenkt haben mag, sondern zudem Schrö-
dingers materialistisches Naturverständnis, insbesondere seine
Haltung zu Atomismus und Indeterminismus, in entscheidender
Weise prägte.

Daß nicht die experimentelle, sondern die theoretische Physik
sein eigentliches Arbeitsfeld werden sollte, wurde Erwin Schrödinger im Verlaufe seines zweiten Studienjahres klar, als er mit
einem weiteren bedeutenden Vertreter der Wiener Physikerschule,
mit Fritz Hasenöhrl, bekannt wurde. Hasenöhrl hatte zu dieser
Zeit gerade die Nachfolge Ludwig Boltzmanns angetreten und die
Kursvorlesungen in theoretischer Physik, die nach dem Tode
Boltzmanns für über zwei Jahre unterbrochen worden waren, wieder aufgenommen. In einer begeisternden Antrittsvorlesung hatte
Hasenöhrl das Lebenswerk seines Vorgängers, dieses „gewaltigen
Geistes" an der Schwelle zur Physik unseres Jahrhunderts, ge-
würdigt und dabei einen so starken Eindruck bei Schrödinger hin-
terlassen, daß er noch nach Jahren bekannte, daß fortan der
Boltzmannsche „Ideenkreis für mich die Rolle der wissenschaftlichen Jugendgeliebten [spielte], kein anderer hat mich wieder so
gepackt". [93, S. 264]

In einem achtsemestrigen Vorlesungszyklus von je 5 Wochenstunden wurde Schrödinger nun durch Fritz Hasenöhrl in die
physikalischen Details dieses Ideenkreises eingeführt, wobei Hasenöhrl seine Studenten nicht nur mit den gesicherten wissenschaftlichen Grundlagen vertraut machte, sondern sie mit den
aktuellen Problemen der damaligen Forschung konfrontierte.
Hierdurch wurde Schrödinger schon während seiner Studienzeit
mit jenen „Rissen und Sprüngen" bekannt gemacht, die das Gebäude der klassischen Physik damals durchzogen und an deren
Überwindung Schrödinger später in so grundlegender Weise beigetragen hat. Die anregenden und brillanten Theorievorlesungen
sowie die Persönlichkeit Hasenöhrls, dessen Forschungen zwei
Jahre vor Einstein zum „Begriff einer scheinbaren durch Strahlung bedingten Masse" (Vorläufer der Energie-Masse-Äquivalenz)
geführt hatten, übten unzweifelhaft den stärksten Einfluß auf den
wissenschaftlichen Werdegang des jungen Schrödinger aus und
ließen Hasenöhrl zum allzeit hochverehrten akademischen Lehrer

werden; noch 1929 bekannte er, daß er Hasenöhrl die Grundlage
seiner wissenschaftlichen Persönlichkeit verdanke, und vier Jahre
später urteilte er anläßlich der Nobelpreisübergabe sogar:

Damals [im 1. Weltkrieg] fiel Hasenöhrl, und ein Gefühl sagt mir, dass
sonst sein Name heute an der Stelle des meinen stünde. [27, S. 87]

Das herausragende physikalische Talent Schrödingers zeigte sich
schon während des Studiums; vielen Kommilitonen konnte er Auskunft und Anleitung bei schwierigen Fachproblemen geben, mit
vielen blieb er ein Leben lang freundschaftlich verbunden. Hans
Thirring, einer der engsten Freunde Schrödingers, später war er
viele Jahre Professor für theoretische Physik an der Wiener Universität, gab den folgenden Bericht von seiner ersten Begegnung
mit Schrödinger:

Im Wintersemester 1907/08 saß ich als blutjunger Anfänger in der Bibliothek des mathematischen Seminars, und als eines schönen Tages ein blonder
Student in das Zimmer trat, stieß mich mein Nachbar an und sagte unver-
mittelt: „Das ist der Schrödinger." Ich hatte den Namen nie zuvor gehört,
aber der Respekt, mit dem das gesagt wurde, und der Anblick des Kollegen machten einen solchen Eindruck auf mich, daß ich von der allerersten
Begegnung an die Überzeugung gewann, die sich im Laufe der Jahre immer
mehr verdichtete: Der ist etwas Besonderes . . . Und lange bevor ihm mit der
Aufstellung der Wellenmechanik der große Wurf gelang, war es im engeren
Freundeskreis völlig klar, daß von ihm einmal ganz Bedeutendes zu erwarten sei. Wir sahen in ihm ganz deutlich einen Feuergeist am Werk, der mit
jenem Forscherdrang arbeitete, der die Schranken des engeren Fachgebietes
durchbricht, um selbständig auf neuen Wegen Fragen an die Natur zu stellen. [50, S. 106]

Bis dahin sollte jedoch noch einige Zeit vergehen. Sie wurde von
Erwin Schrödinger zielstrebig dazu genutzt, seine physikalischen
und mathematischen Kenntnisse ständig zu vervollkommnen und
sich mit dem erreichten Wissensstand niemals zufriedenzugeben.
Als Schüler von Hasenöhrl studierte er die mathematischen Methoden der Physik aufs gründlichste und eignete sich schon während seiner Studienzeit neben einem exzellenten physikalischen
Fachwissen auch jene Meisterschaft bei der Handhabung der mathematischen Methoden des Eigenwertproblems von partiellen
Differentialgleichungen an, die ihn dann Jahrzehnte später be-
fähigte, das Gebäude der Wellenmechanik aufzubauen. Auch
wenn in der Rückschau Schrödingers Leben als eine „Bestätigung
der geistigen Höchstleistungen der Jugendjahre" erscheint, wird

gerade an seinem Beispiel deutlich, daß Talent eben nur in Verbindung mit außergewöhnlichem Wissensdrang, immensem Fleiß und großer Beharrlichkeit zu besonderen Leistungen führt. Zunächst galt es jedoch für den angehenden Gelehrten, das Studium, das damals üblicher Weise mit der Promotion endete, erfolgreich abzuschließen. Als Dissertationsthema wählte er „Die Leitung der Elektrizität an der Oberfläche von Isolatoren bei feuchter Luft"[1]. Ausgehend von der Tatsache, daß elektrostatische Versuche in feuchter Luft zumeist schlecht gelingen, untersuchte Schrödinger den Einfluß der Feuchtigkeit auf die elektrische Leitfähigkeit von isolierenden Materialien wie Glas, Ebonit und Bernstein. Diese Arbeit, die sich mit einem konventionellen Problem der damaligen Elektrizitätslehre beschäftigte und vorwiegend experimenteller Natur war, wurde zwar im Exnerschen Laboratorium durchgeführt, doch stand sie unter der unmittelbaren Anleitung von Egon von Schweidler, der dort als Privatdozent wirkte und den Schrödinger neben Exner und Hasenöhrl als akademischen Lehrer verehrte. Auch wenn Schrödinger mit seinen Untersuchungen keinen spektakulären Erfolg erringen konnte, scheint die Arbeit zur vollen Zufriedenheit aller ausgefallen zu sein; jedenfalls wurde sie nicht nur als Dissertation akzeptiert, sondern zudem noch in den Sitzungsberichten der Wiener Akademie der Wissenschaften veröffentlicht. Nachdem Erwin Schrödinger die mündlichen Prüfungen erfolgreich abgelegt und laut Protokoll ausgezeichnete Leistungen auf allen Gebieten geboten hatte, ist er am 20. Mai 1910 zum Doktor der Philosophie promoviert worden.

Die ersten Schritte zu einer erfolgreichen Gelehrtenlaufbahn – Assistent, Dozent, Professor

Nach der Promotion leistete Erwin Schrödinger zunächst seine einjährige Militärdienstzeit im österreichischen Heer und kehrte danach als Praktikumsassistent in das Exnersche zweite physikalische Institut der Wiener Universität zurück. Hier blieb er – sieht man von der zwangsweisen Unterbrechung durch den ersten Weltkrieg ab – das ganze nächste Jahrzehnt. Zu Schrödingers Verpflichtungen gehörte es vor allem, das große physikalische Praktikum abzuhalten. Trotz seines schon damals ausgeprägten Interesses für die theoretische Physik empfand er eine vorwiegend experimentell orientierte Tätigkeit als keineswegs nachteilig, konnte er doch so „durch direkte Anschauung [lernen], was messen heißt".

Messend und rechnend erschloß sich Schrödinger in den nächsten Jahren viele der aktuellen Probleme der damaligen Physik, wobei anfangs insbesondere an solche Fragestellungen angeknüpft wurde, die seit jeher im Mittelpunkt der Untersuchungen von Franz Exner und seinen Mitarbeitern standen. Neben der Elektrizitätslehre, die schon Gegenstand seiner Dissertation war, waren es Arbeiten zur Radioaktivität und ihres Zusammenhangs zur atmosphären Elektrizität, zur Akustik, zur Optik und nicht zuletzt zur physikalischen Farbenlehre. Daneben arbeitete er sich systematisch in die aktuellen Probleme der Atom- und Quantenphysik ein und gewann so schon frühzeitig einen Zugang zu den modernen Entwicklungsrichtungen seines Fachgebietes.

Obwohl Schrödinger rückblickend über jene ersten Jahre seiner wissenschaftlichen Laufbahn feststellte, daß er in enger Zusammenarbeit mit seinem Freund Kohlrausch zwar in Erfahrung brachte, „was Experimentieren ist, ohne es aber je selbst zu erlernen", hat er dennoch auf diesem Felde die Anerkennung seiner Fachkollegen zu erringen gewußt. Beispielsweise wurde ihm für seine im Sommer 1913 in Seeham durchgeführten Untersuchungen über atmosphärische Elektrizität der Haitinger-Preis der Kaiserlichen Akademie der Wissenschaften zu Wien verliehen.

Der Aufenthalt in Seeham sollte auch noch in anderer Hinsicht für das Leben Erwin Schrödingers Bedeutung gewinnen, er lernte hier die junge Annemarie Bertel kennen. Anläßlich der Verlobung widmete er seiner Braut einen Sonderdruck der Arbeit zur Luftelektrizität mit dem handschriftlichen Zusatz:

Nachtrag zum 1. Oktober 1919. Wie ich jetzt erfahre, soll damals in Seeham außer Radium A, B und C auch noch verschiedenes andere in der Luft gelegen haben, wovon mein Elektrometer aber nicht die Spur angezeigt hat. Das Verdienst der Entdeckung gebührt ausschließlich Fräulein Bertel – Salzburg, welche die Aufmerksamkeit des Verfassers darauf lenkte ... Eine gemeinsame Publikation der oben genannten Entdeckerin mit dem Verfasser wird demnächst an anderer Stelle erfolgen. [58, S. 177]

Die „gemeinsame Publikation" erfolgte dann am 6. April 1920 in Form der Heiratsurkunde.
Erwin Schrödinger hat sich zu Beginn seiner wissenschaftlichen Laufbahn in starkem Maße auch mit experimentellen Problemen beschäftigt. So berichtet sein Studienfreund Hans Thirring, daß Schrödinger eines Tages

eine große Influenzmaschine in sein Arbeitszimmer [schleppte], um experimentell zu untersuchen, ob das Durchdringungsvermögen der β-Strahlen herabgesetzt wird, wenn man die Strahlenquelle auf ein hohes negatives Potential auflädt. [50, S. 107]

Andere Probleme, die Schrödinger zu dieser Zeit sowohl von der Seite des Experiments als auch von der Theorie her interessierten, lagen auf optischem und akustischem Gebiet sowie im Bereich der Farbenlehre. Dabei läßt sich insgesamt feststellen, daß diese Untersuchungen eine gelungene Symbiose zwischen eigener experimenteller Tätigkeit und theoretischen Analysen darstellen.
Indes scheinen ihm seine Publikumsverpflichtungen sowie die experimentellen Forschungen genügend Zeit gelassen zu haben, sich intensiv mit vielen Fragen der zeitgenössischen theoretischen Physik auseinanderzusetzen. Der Name Erwin Schrödinger scheint gerade hier sehr schnell einen guten Klang gewonnen zu haben, denn bereits unmittelbar nach Abschluß seines Studiums trat man an ihn heran, den Abschnitt Dielektrizität des von Graetz herausgegebenen Handbuchs der Elektrizität und des Magnetismus abzufassen – eine für den 25jährigen sicherlich sehr ehrenvolle Aufgabe. Weiterhin widmete er sich in jenen Jahren der Bearbeitung von Problemen der klassischen Mechanik, der Theorie der Brown-

2 Erwin Schrödinger
als junger Dozent

schen Bewegung und anderer Schwankungserscheinungen sowie der mathematischen Statistik und der Fehlertheorie. Auch die Quantentheorie, die sich im zweiten Jahrzehnt unseres Jahrhunderts durch die Arbeiten von Niels Bohr, Albert Einstein, Peter Debye oder Arnold Sommerfeld gerade in einer tiefgreifenden Umbruchsphase befand, zog die Aufmerksamkeit Schrödingers auf sich.

In einer im Jahre 1912 publizierten Arbeit „Zur kinetischen Theorie des Magnetismus (Einfluß der Leitungselektronen)" versuchte er mit Hilfe der Lorentzschen Elektronentheorie und auf der Grundlage der klassischen Maxwell-Boltzmann-Verteilung eine theoretische Deutung des Diamagnetismus zu geben. Das Ergebnis – Schrödingers Berechnungen offenbarten erhebliche Diskrepanzen zu den Versuchsdaten – machte zwar deutlich, daß der Schlüssel für eine stichhaltige Erklärung des Diamagnetismus nicht

im Einfluß der freien Leitungselektronen zu suchen ist, und es
mögen erste Zweifel an den allumfassenden Möglichkeiten der
klassischen Statistik aufgekommen sein, doch führten die Untersuchungen Schrödinger noch nicht zu grundsätzlichen Zweifeln an
den Methoden der klassischen Physik, denn mit seiner theoretischen Deutung der auftretenden Differenzen, daß „der Diamagnetismus der freien Elektronen zum Teil durch Paramagne-
tismus verdeckt sein muß", bewegt er sich noch gänzlich im
Denkschema konventioneller physikalischer Vorstellungen; im
Unterschied übrigens zu seinem genialen dänischen Zeitgenossen
Niels Bohr, der etwa zur selben Zeit – in seiner Dissertation von
1911 – in diesem Zusammenhang schon die sehr viel weiterge-
hende Vermutung ausgesprochen hatte, daß eine Erklärung der
magnetischen Eigenschaften wohl nur möglich sein wird, wenn
man spezielle (der klassischen Physik fremde) Annahmen ein-
führt. Für Bohr wurde diese Überzeugung eine der Quellen bei
der Ausarbeitung seiner revolutionären Vorstellungen über den
Atombau. Einem in der „unerbittlich klaren Gedankenfolge Boltzmanns" geschulten Physiker wie Schrödinger waren die Vorzüge
herkömmlichen Denkens viel zu gravierend, so daß ein Weg, wie
er von Bohr zur Lösung der Unstimmigkeiten eingeschlagen wurde
und der in vielem noch physikalisch unklar war, für ihn zum damaligen Zeitpunkt einfach nicht gangbar schien. Vergessen sollte
zudem nicht werden, daß die Quantentheorie damals noch keineswegs zum allseits gesicherten Bestand des physikalischen Fach-
wissens gehörte, sondern ihre allgemeine Anerkennung erst mit
dem Solvay-Kongreß von 1911 eingeleitet worden war.
Auch in den anderen Arbeiten dieses Zeitraumes trat eine gewisse
Unschlüssigkeit in der Haltung Erwin Schrödingers gegenüber der
jungen Quantenphysik zutage. Charakteristisch scheint in dieser
Hinsicht eine Feststellung von ihm aus dem Jahre 1917, daß nämlich:

die Quantentheorie überhaupt etwas sehr Befremdendes hat und nur durch
die ausgezeichneten Erfolge gestützt wird, die sie *auf allen Gebieten der
Physik* beinahe täglich erringt. [4, S. 563]

Obwohl Schrödinger in seinen Untersuchungen kaum oder nur
zögernden Gebrauch von den modernen quantenphysikalischen
Vorstellungen machte, war er zu jener Zeit mit der Quantentheorie Plancks und Bohrs und insbesondere mit deren unauflöslich

scheinenden Widersprüchen wohl vertraut. Dies bewiesen nicht nur sehr gehaltvolle Übersichtsartikel zu den neuesten Entwicklungen auf dem Gebiet der Theorie der spezifischen Wärme in solch renommierten Fachorganen wie „Die Naturwissenschaften" [4] oder der „Physikalischen Zeitschrift" [5], sondern auch das von ihm 1921 vorgeschlagene Modell der „Elektronentauchbahnen" in der Bohr-Sommerfeldschen Atomtheorie [10], das einen „kleinen, aber positiven Detailerfolg" bei der Deutung der Alkalispektren darstellte. Dennoch war er, was diese „pragmatische" Physik betraf, unzufrieden, so daß weitere schöpferische Beiträge, die einen aktiven Einfluß auf die Fortschritte dieses Bereichs hätten nehmen können, aus dieser Zeit fehlen.

Als sehr viel interessanter erschien ihm in der Physik die Boltzmannsche Wahrscheinlichkeitstheorie der Thermodynamik, an die viele seiner frühen Arbeiten anknüpften und die dann später die Brücke zu einer weiterführenden Behandlung quantenphysikalischer Probleme schlagen sollte. Zunächst jedoch ergriff er hiervor „förmlich die Flucht und rettete [sich], angeregt durch Franz Exner und K. W. F. Kohlrausch, ins Gebiet der Farbenlehre". [93, S. 264]

Die österreichische Hauptstadt hatte sich in den Jahren nach der Jahrhundertwende durch das Wirken von Franz Exner zu einem führenden Zentrum der Farbforschung entwickelt. Die Farbenlehre, als Grenzgebiet verschiedener Wissenschaftsdisziplinen schon immer Betätigungsfeld von Männern mit bemerkenswerter Interessenvielfalt, fand hier in Franz Exner und seinen Schülern Wissenschaftler, die die Tradition der großen Farbforscher des 19. Jahrhunderts Thomas Young, James Clerk Maxwell und Hermann von Helmholtz aufnahmen und mit ihren Forschungen wesentlich bereicherten. In einer Serie von Arbeiten bemühte sich Exner insbesondere darum, die Young-Helmholtzsche Theorie durch exakte Experimente in all ihren Konsequenzen zu überprüfen und damit gegenüber konkurrierenden Theorien zu verteidigen. Hatte Exner die Farbenlehre auf experimentellen Bahnen zu erschließen versucht, knüpfte Erwin Schrödinger an das umfangreiche Versuchsmaterial seiner Wiener Kollegen insbesondere von der theoretischen Seite aus an. Allerdings wurde die Beschäftigung mit den Problemen der Farbenlehre nicht allein von der ihn umgebenden wissenschaftlichen Tradition motiviert, denn Erwin

Schrödinger war zudem ein ausgesprochen künstlerisch empfindender Mensch. Werner Heisenberg schrieb dazu [49, S. 29]:

Er hatte Freude an der Farbe, nicht primär an der objektiven physikalischen Erscheinung, sondern an der Farbe als dem frohen Spiel der Sinne, und es beglückte ihn, der unmittelbar sinnlich wahrnehmbaren Welt wissenschaftlich nachgehen zu können.

Schrödingers zentrales Problem war die Farbenmetrik, d. h. das messende Vergleichen der Helligkeit verschiedener Farben, wobei er im Gegensatz zu vielen seiner Zeitgenossen nicht die Farbenebene bzw. das Farbdreieck, sondern den sehr viel komplizierteren Farbraum seinen Betrachtungen zugrunde legte und zu einer klaren und logisch einwandfreien Erklärung der Grundgesetze des Gebietes gelangte. In mehreren Vorträgen, die kurze Zeit später in den „Annalen der Physik" publiziert wurden [8], zog Schrödinger im Frühjahr 1920 vor dem Gauverein Wien der Deutschen Physikalischen Gesellschaft ein erstes umfassendes Resümee seiner Untersuchungen.

Ausgehend von der Tatsache, daß man jede Farbvalenz aus drei nicht durch Mischung auseinander erzeugbaren, sonst aber beliebig wählbaren Bezugsfarben darstellen kann und damit die Mannigfaltigkeit der Farben von der Dimensionszahl drei ist, läßt sich ein Farbraum konstruieren, der von den ausgewählten Bezugsfarben als Basisvektoren aufgespannt wird und zudem von einer affiner geometrischen Struktur ist. Allerdings füllen die Farben nicht den ganzen Raum aus, sondern lediglich das Innere und die Oberfläche eines Kegels (Farbtüte) von etwa nebenstehend gezeichneter Gestalt (Abb. 3). Auf dem gewölbten Teil liegen die reinen Spektralfarben. Alle komplizierten Lichtgemische, wie z. B. das Weiß, befinden sich irgendwo im Innern, so daß jeder Farbe

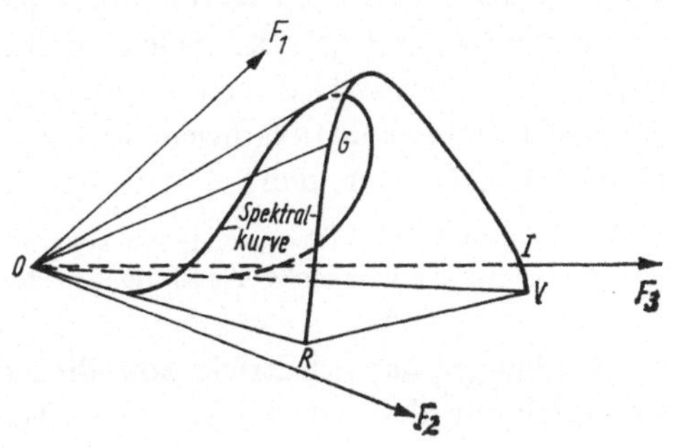

3 Farbentüte nach Schrödinger

ein Raumpunkt oder der betreffende Radiusvektor zugeordnet werden kann. Hatte man bislang in diesem Vektorraum lediglich Aussagen über die Gleichheit oder die Ungleichheit zweier durch Mischung entstandener Farbempfindungen treffen können, wobei es um die Gesamtempfindung und nicht um den Grad der Ungleichheit noch etwa um irgendwelche „spezifische" Gleichheit („im Farbton", „in der Sättigung", „in der Helligkeit") ging, versuchte Erwin Schrödinger in seiner großangelegten Arbeit gerade solche Begriffsbildungen zu entwickeln und quantitativ zu bestimmen. Schrödinger wurde hierdurch zum Begründer der sogenannten höheren Farbmetrik, die gleichermaßen Auskunft über das Helligkeitsverhältnis von Farben verschiedener Reizart (Vektorrichtung) sowie über das Maß ihrer Verschiedenheit gibt.

Erwin Schrödingers Verdienst war es weniger, eine geschlossene und in allen Punkten richtige Theorie entwickelt, als vielmehr in der Farbforschung einen fruchtbaren Weg freigelegt zu haben, der in der Folgezeit in der Fotometrie ungleicher Farben ein wichtiges Anwendungsgebiet fand. Ebenso wie die Geometrie aus der Feldmeßkunst hervorging, ist ein ähnlicher Bezug zur gesellschaftlichen Praxis auch bei der Entwicklung der Farbengeometrie nicht zu verkennen. Der Wunsch, Farben in eindeutiger Weise bezeichnen zu können, um sie wiederzuerkennen und wiederherzustellen, besitzt eben nicht nur einen wissenschaftlichen, sondern gleichzeitig einen eminent technisch-ökonomischen Aspekt. Obwohl sich in den Schrödingerschen Arbeiten keinerlei direkte Bezüge finden, fällt es nicht schwer, dessen Bemühungen um die Schaffung einer höheren Farbmetrik in diesen Rahmen einzuordnen.

Die physikalische Farbenlehre verdankt Schrödinger noch eine ganze Reihe weiterer wichtiger Erkenntnisse. So geht auf ihn der Begriff der „Optimalfarbe" (unter gleichhellen Körperfarben jeweils die gesättigste Farbe) zurück, und er griff zudem in die Diskussionen um Gültigkeit und Unterschied von Drei- bzw. Vierfarbentheorie ein. Hierbei konnte er den Nachweis ihrer mathematischen Äquivalenz führen und zeigen, daß

rein formal das Verhältnis zwischen den beiden Theorien als ein außerordentlich einfaches aufzufassen ist, nämlich als eine bloße Transformation der Variablen. [14, S. 472]

In Weiterführung dieser Forschungen hat sich Erwin Schrödinger auch mit der Entwicklungsgeschichte des menschlichen Auges beschäftigt – dies zu einer Zeit, als entwicklungsgeschichtliches Ideengut in den Naturwissenschaften und speziell in der Physik noch nicht typisch waren! Bekanntlich ist unser Auge lediglich für einen verhältnismäßig kleinen Ausschnitt des elektromagnetischen Spektrums – für den Bereich zwischen etwa 400 und 800 nm – empfänglich, und Schrödinger war einer der ersten Forscher, der ausgehend von dieser Tatsache den Gedanken aussprach, daß sich ein solches Verhalten unseres Auges stammesgeschichtlich durch den Einfluß der Sonnenstrahlung erklärt [12]. Danach hat sich im Verlaufe seiner stammesgeschichtlichen Entwicklung das Auge auf eine bestmögliche Ausnutzung derjenigen Lichtquellen eingestellt, die in der frühgeschichtlichen Phase als einzige in Betracht kam. Wir nutzen so beim Sehen eben jene Strahlenarten, an denen auch das Sonnenlicht besonders reich ist. Die Empfindlichkeitskurve des menschlichen Auges lagert sich bekanntlich in charakteristischer Weise dem Intensitätsmaximum der Sonnenstrahlung an, wobei jedoch im Hinblick auf die beiden lichtempfindlichen Bestandteile der Netzhaut, den Stäbchen und Zäpfchen, evidente Unterschiede existieren, da die „Stäbchenkurve" gegenüber der „Zäpfchenkurve" stark zum kurzwelligen (blauen) Teil des Spektrums verschoben ist. Die Ursache dieses Phänomens liegt nach Schrödinger darin, daß der für das unbunte Dämmerungssehen verantwortliche Stäbchenapparat ein sehr viel älteres Sehorgan ist als die farbentüchtigen Zapfen. Nimmt man an, daß ersterer noch aus der Zeit des Wasserlebens unserer „Vorfahren" stammt, so erklärt sich die Verschiebung des Empfindlichkeitsmaximums beim Stäbchensehen daraus, daß das Wasser bereits in geringer Tiefe eine grünblaue Färbung aufweist und somit für ein Wassertier die spektrale Energieverteilung des Sonnenlichtes in analoger Weise geändert erscheint. Auch die große Adaptionsbreite des Stäbchenapparates sowie das eingeschränkte Farbempfinden vieler, insbesondere niederer Tierarten legen eine solche Erklärung nahe.

Die zwei demselben Zweck dienenden Organe: Stäbchen, Zapfen würden eine gewisse Parallele bilden zu dem wohlbekannten Fall: Kiemen, Lunge. Dabei müßte man annehmen, daß der Zapfenapparat bei den das Tageslicht aufsuchenden Tieren zur vollen Ausbildung gelangte, *während* die Stäbchen für den Gebrauch unter Wasser immer noch dringend benötigt wurden; ferner, daß die Zäpfchen mit der Zeit die Hauptfunktion übernahmen und die zu Hilfsorganen herabgedrückten Stäbchen keine genügende biologische

Wichtigkeit mehr besaßen, um ihre genaue Anpassung an die veränderten Beleuchtungsverhältnisse herbeizuführen, nachdem die Tiere vom Wasserleben ganz zum Landleben übergegangen waren. [12, S. 927]

Unter all seinen Arbeiten zur Farbentheorie erschienen ihm übrigens diese allein von Bedeutung; jedenfalls urteilte er anläßlich der Nobelpreisverleihung:

Von Wert scheint mir lediglich die zuletzt gewonnene Erkenntnis von der eigentlichen Bedeutung der Drei- und der Vierfarbenauffassung und ihrem Zusammenhang mit der Phylogenie des Farbensehens. [27, S. 88]

Welch hohe Wertschätzung indes Erwin Schrödinger als Farbforscher bei seinen Zeitgenossen genoß, macht die Tatsache deutlich, daß man ihm die Abfassung des Artikels „Gesichtsempfindungen" in der 11. Auflage des traditionsreichen Lehrbuches der Physik von Müller-Pouillet [21] übertrug. Diese Arbeit, die, wie schon die vorangegangenen, nicht mehr in Wien, sondern in Zürich verfaßt wurde und die ihrem Lehrbuchcharakter gemäß das Wissen der Zeit auf dem Gebiet der Farbenlehre zusammenfassend darzustellen suchte, bildet auch einen gewissen Abschluß in Schrödingers Untersuchungen zum Farbenproblem; jedenfalls ist er in seinen späteren Publikationen und Vorträgen nie wieder auf diesen Fragenkreis zurückgekommen, sondern hat sich anderen Problemen, die insbesondere den aktuellen Forschungsrichtungen der Physik jener Zeit, der Quanten- und Relativitätstheorie, Rechnung trugen, in immer stärkerem Maße zugewandt.

Kehren wir zur frühen Schaffensperiode Erwin Schrödingers zurück. Nachdem sich Schrödinger durch seine Forschungsarbeiten als befähigter junger Physiker ausgewiesen hatte, strebte er im Jahre 1913 auch die Habilitation in seinem Fachgebiet an. Am 23. Mai 1913 wurde der Habilitationsantrag in der Philosophischen Fakultät der Wiener Universität beraten und mit großer Mehrheit angenommen. Als Habilitationsschrift legte er die im Jahr zuvor in den Sitzungsberichten der Wiener Akademie publizierte Arbeit „Studien über Kinetik der Dielectrica, den Schmelzpunkt, Pyro- und Piezoelectrizität" der Kommission vor. Ein halbes Jahr später waren dann auch die nötigen Exerzitien (Kolloquium, Probevorlesung etc.) absolviert, und am 9. Januar 1914 wird vom zuständigen Ministerium die Habilitation Erwin Schrödingers bestätigt.

Mit seiner Habilitation hatte der 26jährige Erwin Schrödinger die höchste akademische Prüfung bestanden und somit das Recht erworben, selbst Vorlesungen halten zu dürfen. Allerdings war die ehrenvolle Privatdozentur unbesoldet, und so änderte sich im äußeren Leben nur wenig: nach wie vor lebte er bei seinen Eltern in Wien und lag ihnen weitgehend „auf der Tasche", denn die Einkünfte eines Universitätsassistenten waren höchst dürftig. Um diesen unbefriedigenden Zustand möglichst bald beenden zu können, hieß es, sich schnell in der Wissenschaft einen Namen zu machen und so Anrecht auf einen der frei werdenden Lehrstühle anzumelden.

Mußte Erwin Schrödinger bis zur endgültigen Aufnahme in den exklusiven Kreis der Hochschullehrer noch einige Jahre warten, so nimmt er sein Vorlesungsrecht sofort wahr. Zum Sommersemester 1914 findet man im Vorlesungsverzeichnis der Universität Wien die Ankündigung, daß Privatdozent Dr. Erwin Schrödinger nach Übereinkunft eine zweistündige Vorlesung über „Interferenzerscheinungen der Röntgenstrahlen" hält. Weitere Möglichkeiten kann der frischgebackene Physikdozent indes nicht mehr nutzen. Zwar wurde für das Wintersemester noch ein Kolleg zu „Ausgewählten Kapiteln der statistischen Mechanik und Quantentheorie" angekündigt, doch für mehr als vier Jahre – Schrödinger wurde schon Wochen vor Ausbruch des ersten Weltkriegs eingezogen – mußte er nun Laborkittel und Schreibtischplatz mit dem Waffenrock vertauschen. Seine Tätigkeit als Offizier bei der Festungsartillerie in verhältnismäßig ruhigen Stellungen der österreichischen Südwestfront ließ ihm aber noch genügend Zeit, sich weiter mit physikalischen Problemen zu beschäftigen und die Fachliteratur weiter zu verfolgen. In Prosecco, einem kleinen, 1 000 Einwohner zählendem Dorf am Golf von Triest, lernte Schrödinger unmittelbar nach ihrem Erscheinen die Einsteinschen Arbeiten über die Grundlagen der allgemeinen Relativitätstheorie kennen. Wie bei vielen seiner Fachkollegen stieß die neue Gravitationstheorie bei Schrödinger zunächst auf nicht geringe Verständnisschwierigkeiten, doch schon bald war er mit den schwierigen mathematischen und physikalischen Problemen der allgemeinen Relativitätstheorie so vertraut, daß er an den Einsteinschen Darlegungen nicht nur manches „unnötig kompliziert" empfand, sondern auch schon in der Lage war, mit eigenen Beiträgen dazu auf sich aufmerksam zu machen. Zwei Publikationen aus dem Jahre 1918

4 Ausschnitt eines handschriftlichen Lebenslaufes von Erwin Schrödinger

[6; 7], die auch Albert Einstein zur Stellungnahme herausforderten, sind das Ergebnis jener ersten intensiven Beschäftigung mit dem revolutionären Einsteinschen Theoriengebäude. Innerhalb seines wissenschaftlichen Gesamtwerkes blieben sie nicht nur Episode, da insbesondere in den 30er und 40er Jahren Fragen der Gravitationsphysik ins Zentrum des Schrödingerschen Schaffens rückten. Nach Beendigung des Krieges, den er glücklich „ohne Verwundung oder Krankheit und mit wenig Auszeichnung" überstanden hatte, kehrte er im November 1918 an das Wiener Physikalische Institut zurück. Für den nun 31jährigen Erwin Schrödinger bestanden zu jener Zeit sichere Aussichten auf den Ruf in das Extraordinat für theoretische Physik der Universität Czernowitz (heute Tschernowzy / Ukrainische SSR), doch der Zusammenbruch des Habsburger Vielvölkerstaates und die damit zusammenhängenden europäischen Staatenneugründungen machten den Plan gegenstandslos. Schrödinger blieb auch noch die folgenden zwei Jahre in seiner geliebten Heimatstadt.

Die zu keinerlei Optimismus Veranlassung gebende politische wie ökonomische Lage Österreichs nach dem ersten Weltkrieg ließen auch die Berufsaussichten des jungen Gelehrten nicht gerade verheißungsvoll erscheinen. Zwar war der Lehrstuhl seines im Krieg gefallenen Lehrers Friedrich Hasenöhrl vakant, doch erschien eine Aussicht auf Berufung fürs erste weder zu bestehen noch angesichts der traurigen Situation in seiner Heimat für Schrödinger lohnend zu sein. Hinzu kam, daß das wissenschaftliche Leben im benachbarten Deutschland zur damaligen Zeit besonders für einen theoretischen Physiker große Anziehungskraft besaß – Namen wie Albert Einstein, Max Planck oder Arnold Sommerfeld hatten weit über Deutschland hinaus einen guten Klang und führten dazu, daß man Deutsch lernte, um die Physik in ihrer „Muttersprache" studieren zu können. Als ihn im Herbst des Jahres 1919 das Angebot erreichte, als „Haustheoretiker" an das Jenaer Physikinstitut von Max Wien zu kommen, mag diese Offerte für Schrödinger von zusätzlichem Reiz gewesen sein.

Max Wien, ein Schüler Helmholtz', gehörte in den ersten Jahrzehnten unseres Jahrhunderts zu den führenden Experimentalphysikern Deutschlands und hatte sich insbesondere mit seinen Arbeiten zur drahtlosen Telegrafie und mit der Entwicklung des Löschfunksenders international einen Namen gemacht. In den Jahren nach dem ersten Weltkrieg verlagerte sich der Schwerpunkt seiner wissenschaftlichen Interessen auf das Gebiet der Elektrolyttheorie, wo er mit seinen Arbeiten zur Bestätigung der Debyeschen Theorie beitrug. In diesem Zusammenhang ist wohl auch der Wunsch Max Wiens zu sehen, für sein Institut einen vor allem in der modernen theoretischen Physik genügend versierten Mitarbeiter zu suchen. Nachdem entsprechende Verhandlungen mit Wilhelm Lenz aus München gescheitert waren, richtete Max Wien im Dezember 1919 an den Dekan der philosophischen Fakultät der Jenenser Universität den Antrag, Erwin Schrödinger für diesen Posten zu benennen und ihm für das Sommersemester 1920 einen Lehrauftrag für Elektronen- und Quantenlehre zu erteilen. Im Schreiben Wiens heißt es dazu:

S. gilt als einer der besten Kenner des Gebietes und ist durch eine Reihe sehr tüchtiger Arbeiten darüber hervorgetreten. [77, Bl. 145]

Nach Genehmigung des Antrags ließ sich Schrödinger zunächst für nur sechs Monate von der Wiener Universität beurlauben und siedelte im April 1920 gemeinsam mit seiner jungen Frau Annemarie, die Vermählung hatte unmittelbar vor der Abreise in Wien stattgefunden, in das idyllische Saalestädtchen über. Seine Verpflichtungen als Assistent Max Wiens, die mit einer Dozentur für theoretische Physik gekoppelt waren, scheint Erwin Schrödinger in vorbildlicher Weise erfüllt zu haben, denn schon wenige Wochen nach seinem Dienstantritt wurde von der philosophischen Fakultät einstimmig beschlossen, den jungen Privatdozenten, der sich „in der kurzen Zeit seiner hiesigen Tätigkeit ... im Laboratorium und als Lehrer bestens bewährt [hat]“ [77, S. 194], zur Ernennung zum außerordentlichen Professor ohne Lehrstelle vorzuschlagen. Doch nicht nur in Jena wurde der junge Theoretiker geschätzt, denn auch seine Heimatuniversität wußte um das Talent Schrödingers. Unmittelbar vor seinem – zunächst nur für sechs Monate befristeten – Dienstantritt in Jena hatte man noch in Wien den Antrag auf „Verleihung des Titels eines außerordentlichen Professors sowie für die Erteilung eines Lehrauftrages über die modernen Erscheinungen der theoretischen Physik im Umfang von drei Wochenstunden“ bei der zuständigen österreichischen Staatsbehörde gestellt; sicherlich in der Hoffnung, den sich abzeichnenden Weggang Erwin Schrödingers doch noch zu verhindern. Der Durchbruch in der akademischen Karriere Erwin Schrödingers schien geschafft, warben in der Folgezeit doch die verschiedensten in- und ausländischen Hochschulen um den talentierten Physiker. Obwohl sich am Jenaer Institut gute Entwicklungsmöglichkeiten boten und Schrödinger zudem auch mit anderen Wissenschaftlern der ehrwürdigen Salana, u. a. mit dem hier als Philosophieprofessor wirkenden Literaturnobelpreisträger Rudolf Eucken, vielfältige Beziehungen angeknüpft hatte, war die Ehre, als besoldeter Extraordinarius an die Technische Hochschule Stuttgart berufen zu werden, doch zu groß, als daß eine Ablehnung in Frage gekommen wäre. Hinzu kam, daß sich sein Jahresgehalt und die sonstigen Zuschüsse in Jena auf etwa 11 000 Mark beliefen, was angesichts der einsetzenden inflationären Entwicklung in Deutschland sowie der mit vielerlei Ausgaben und Verpflichtungen verbundenen gesellschaftlichen Stellung eines Wissenschaftlers, für dessen Frau z. B. eine nichtstandesgemäße Berufstätigkeit praktisch undenkbar war, zwar ein Leben ohne größere materielle Sorgen ermöglichte, doch das höher dotierte Stuttgarter Extraordinat sicherlich auch unter materiellen Gesichtspunkten als erstrebenswert anzusehen war. Nach einem nur viermonatigen Wirken entschloß sich Schrödinger, Jena zu verlassen und für das Herbstsemester den Ruf nach Stuttgart anzunehmen.

In Stuttgart fand Schrödinger in dem Experimentalphysiker Erich Regener – er hatte lange Jahre in Berlin gewirkt und dort zu jenem Kreis junger Physiker um Otto Hahn, Gustav Hertz und Lise Meitner gezählt, die die Physikgeschichte unseres Jahrhunderts so nachhaltig prägten – sowie in Regeners Assistenten Hans Reichenbach nicht nur kongeniale Fachkollegen, sondern in letzterem sicherlich auch einen anregenden Partner für philosophische Diskussionen. Reichenbach, in den zwanziger Jahren Haupt der Berliner Schule des Positivismus, gehörte zu den bedeutendsten Vertretern einer sich mit naturwissenschaftlichen Fragen beschäftigenden Philosophie. Doch auch in Stuttgart blieb Erwin Schrödinger nicht länger als ein Semester, weil er unter immer glänzenderen Bedingungen Berufungen von weiteren Hochschulen erhielt. Gleich mehrere Universitäten – Kiel, Breslau, Hamburg und Wien – lockten zu Beginn des Jahres 1921 mit einer Professur für theoretische Physik, und auch die Universität Zürich, seine spätere langjährige Wirkungsstätte, erwog schon zu dieser Zeit die Berufung Schrödingers.

Zunächst entschied sich Schrödinger jedoch für die Universität Breslau, die im Ensemble der deutschen Universitäten einen ausgezeichneten Ruf besaß. Mit dem Sommersemester 1921 nahm er den Vorlesungsbetrieb auf. Bei seinen akademischen Lehrverpflichtungen waren ihm insbesondere in den Anfangsjahren die eigenen Mitschriften der glänzenden Hasenöhrlschen Vorlesungen Vorbild und Ratgeber, so daß der Geist der Wiener Physik, mit ihrer Wertschätzung der Statistik, auch fernab von deren eigentlicher Wirkungsstätte weitergetragen worden ist. Den jungen Professor Schrödinger wird dabei sicherlich auch der Ehrgeiz beflügelt haben, sich nicht nur schlechthin als Wissenschaftler und Hochschullehrer beweisen zu wollen, sondern zugleich die Fruchtbarkeit jener physikalischen Methoden und Denkinhalte aufzuzeigen, die seinen wissenschaftlichen Werdegang so nachhaltig geprägt hatten. Das Breslauer physikalische Institut, dem Otto Lummer vorstand und an dem außerdem Fritz Reiche sowie Rudolf Ladenburg wirkten, sollte indes im Leben Schrödingers ebenfalls nur Episode bleiben. Bereits wenige Wochen nach seinem Amtsantritt erging an ihn der Ruf der Züricher Universität, übrigens auf jenen Lehrstuhl für theoretische Physik, den vor ihm keine Geringeren als Albert Einstein und Max von Laue innegehabt hatten. Die Odyssee mit immer ehrenvolleren Berufungen ging damit zu Ende. Als Ordinarius einer der angesehensten Universitäten des deutschsprachigen Raums war Erwin Schrödinger nun auf der oberen Stufe der akademischen Berufungsleiter angelangt. Die nach den „akademischen Wanderjahren" langersehnte Ruhe zu intensiver und kontinuierlicher wissenschaftlicher Arbeit ließ Schrödingers schöpferische Fähigkeiten voll zur Entfaltung kommen und verewigten seinen Namen mit der Entdeckung der Wellenmechanik für alle Zeiten in den Annalen der Wissenschaft. Das beträchtliche Sozialprestige der neugewonnenen Züricher Stellung konnte so auch voll und ganz wissenschaftlich ausgefüllt werden.

In Zürich

Erwin Schrödinger siedelte im Spätsommer des Jahres 1921 nach Zürich über, und er war ungemein froh, nun für längere Zeit Wirkungsstätte und Zuhause gefunden zu haben. In einem Brief an Wolfgang Pauli lesen wir:

Ich war aber auch – was ich erst jetzt merke, schon so kaputt, daß ich keinen vernünftigen Gedanken mehr fassen konnte. Daran war nicht zum wenigsten die viele Umzieherei schuld, die beständigen Entscheidungen über das eigene Schicksal, Verhandlungen mit den Ministerien etc., wozu ich gar nicht geschaffen bin.
Jetzt hat das wohl für lange Zeit ein Ende. [96, S. 71]

In Zürich empfing ihn eine äußerst anregende physikalische Umgebung, denn an der Eidgenössischen Technischen Hochschule (ETH), der zweiten und berühmteren höheren Lehranstalt der Stadt, wirkten mit Peter Debye und Paul Scherrer zwei Physiker von Weltruf; insbesondere mit ersterem sollte ihn bald eine herzliche Freundschaft verbinden.
Mathematiker des Eidgenössischen Polytechnikums war Hermann Weyl, dessen 1918 erschienenes Buch „Raum – Zeit – Materie" ihm schon bei der Begründung seiner affinen Farbengeometrie wertvolle Anregungen vermittelt hatte und zu dem sich in den folgenden Jahren durch das gemeinsame Interesse für die Relativitäts- und Quantentheorie der Kontakt noch vertiefte.
Auch sonst empfand Erwin Schrödinger die Atmosphäre der größten Schweizer Stadt als äußerst angenehm. Der liberale und weltoffene Geist, den schon Einstein an den Schweizern geschätzt hatte, mag dabei dem gebürtigen Österreicher sehr viel mehr behagt haben als das gestrenge und militaristisch geprägte Milieu Preußen-Deutschlands. Darüber hinaus bot die herrliche Umgebung Zürichs dem begeisterten Wanderer und Bergsteiger vielfältige Möglichkeiten der Erholung und Entspannung. So oft es ging, zog Schrödinger allein oder mit befreundeten Kollegen und Familien in die nahegelegenen Berge, wo eifrig gewandert oder im Winter Skisport betrieben wurde. Hinzu kam, daß sich die Lebens-

5 Erwin Schrödinger

bedingungen hier in Zürich ungleich günstiger gestalteten als im von Krisen und Geldentwertung heimgesuchten Nachkriegsdeutschland. Die große Befriedigung, die Schrödinger angesichts der gesicherten und überschaubaren materiellen Verhältnisse empfand, wurde deutlich, als er im November 1922 an Pauli schrieb:

... wenn ich mir denke, daß ich jetzt wieder nach Deutschland sollte, so graut mir. Man braucht aber doch zur Arbeit etwas „optium“, d. h. Sorgenfreiheit, und die gibt es nicht, wenn der Preis der Butter oder des Gasthausabonnements vom Kurszettel abhängt. [96, S. 69]

Die sechs Jahre, die Schrödinger in Zürich blieb, waren für seine wissenschaftliche Entwicklung wohl die bedeutsamsten, kennzeichnen sie doch den Übergang vom begabten Theoretiker zu einem der führenden theoretischen Physiker seiner Zeit. Dafür stehen nicht nur die bahnbrechenden Arbeiten zur Wellenmechanik, sondern auch die Fülle seiner anderen sehr originellen und inhaltsreichen Beiträge, die unterschiedlichsten physikalischen

30

Problemen gewidmet waren und mit denen er unter seinen Fachkollegen große Aufmerksamkeit erringen konnte. Anknüpfend an
die Boltzmannsche Wahrscheinlichkeitstheorie der Thermodynamik, die ihm – wie er 1933 bekannte – eigentlich immer als das In-
teressanteste in der Physik erschien, beschäftigte er sich mit Fragen
der Gas- und Reaktionskinetik, dehnte seine auch schon in Wien
betriebenen Untersuchungen zur spezifischen Wärme fester Körper
auf Gase aus und griff ebenfalls die Problematik der Schwankungserscheinungen wieder auf. In einem von Schrödinger für den
Band 10 des Handbuchs der Physik verfaßten Artikel zur Theorie
der spezifischen Wärme sowie mit seiner allerdings erst nach dem
zweiten Weltkrieg erschienenen Monographie zur statistischen
Thermodynamik hat dieser Problemkomplex dann auch eine zusammenfassende Darstellung erfahren. Neben diesen Arbeiten
setzte er sich gründlich mit der Bohr-Sommerfeldschen Quantentheorie auseinander, was zwar einige geistvolle Publikationen
brachte, im wissenschaftlichen Wirken Schrödingers zu jener Zeit
jedoch keine dominierende Rolle einnahm. Bedeutend umfang-
reicher waren zu Beginn der zwanziger Jahre noch seine Forschungen zur Theorie des Farbsehens, bei denen er die experimentellen
Möglichkeiten des Debyeschen Instituts zur Durchführung wichtiger Versuche nutzte.

Unter all diesen Beiträgen ist in seinen Arbeiten zur statistischen
Gastheorie ein besonderes Gewicht beizumessen, da neben ihrem
grundsätzlichen wissenschaftlichen Wert sich mit ihnen jener Weg
anbahnte, der dann im Verlaufe des Jahres 1926 zur Ausarbeitung der Schrödingerschen Wellenmechanik geführt hat.

In der zweiten Hälfte des 19. Jahrhunderts hatte sich die statistische Thermodynamik als ein Teilgebiet der Statistik so bewährt
und erfolgreich entwickelt, daß die auf Ludwig Boltzmann, Rudolf Clausius, Josiah Willard Gibbs, James Clerk Maxwell und
andere zurückgehende Methoden nicht nur für viele Bereiche der
klassischen Physik wegweisend wurden, sondern in der Quantentheorie ebenfalls an diese Methoden angeknüpft werden konnte.

In den ersten Dezennien unseres Jahrhunderts errangen insbesondere Max Planck in der Strahlungstheorie sowie Albert Einstein,
Peter Debye und Max Born in der Theorie der spezifischen Wärme
mit der Modifizierung von Methoden der klassischen Statistik bedeutende Erfolge. Schrödingers großes Interesse an den damit zu-

sammenhängenden Fragen – sei es nun die spezifische Wärme oder die Gastheorie – wurde zweifellos dadurch wesentlich geprägt. In welch starkem Maße sich Erwin Schrödinger insbesondere mit Fragen der Gastheorie auseinandergesetzt hat, bezeugen nicht nur seine Publikationen, sondern auch die aus dem Nachlaß stammenden und von den „Sources for History of Quantum Physics" erfaßten Notizbücher. [94, S. 84] Darunter findet man beispielsweise einen siebzehnseitigen Entwurf für ein Buch über „Molekularstatistik", ein Notizheft „Chemische Konstante und Gasentartung II", Vorlesungsarbeiten, Notizen und ein fragmentarisches Manuskript über Quantenstatistik. All dies läßt im übrigen vermuten, daß Schrödinger durch die Vorbereitung seiner Vorlesungen veranlaßt worden ist, sich eingehender mit jenen Problemen zu befassen; übrigens eines jener nicht gerade seltenen Beispiele aus der Wissenschaftsgeschichte, daß Vorlesungstätigkeit keineswegs nur einseitige Belastung und Ablenkung von der „eigentlichen" Forschungstätigkeit sein muß, sondern vielmehr eine durchaus organische Ergänzung derselben darstellen kann.

Doch nicht nur in dieser Hinsicht waren die Studien für die fachliche Entwicklung Erwin Schrödingers von grundsätzlicher Bedeutung. Ebenso erschlossen sich ihm dadurch jene physikalischen Vorstellungen, die in den folgenden Jahren zur Aufstellung der Wellenmechanik führen werden. Eine Schlüsselstellung nehmen in dieser Beziehung die Untersuchungen zur Quantenstatistik ein, da sie bereits Grundgedanken von Schrödingers wissenschaftlicher Großtat enthielten. Insbesondere die aus dem Jahre 1925 stammende Publikation „Zur Einsteinschen Gastheorie" muß hier erwähnt werden: sie war bereits die Wellenmechanik, hat Erwin Schrödinger einmal über sie rückblickend geäußert.

Ausgehend von einer kritischen Auseinandersetzung mit der gerade kurz zuvor durch Albert Einstein und den indischen Physiker Satyandra Nath Bose begründeten Statistik für quantenphysikalische Teilchen, versuchte Erwin Schrödinger,

die alten, an der Erfahrung erprobten und logisch wohlbegründeten statistischen Methoden [Boltzmanns] in ihrem Recht zu belassen und die Änderung in den Grundlagen an einer Stelle vorzunehmen, wo sie ohne sacrificum intellectus möglich ist. [20, S. 95]

Jenes von Einstein, Bose und anderen zeitgenössischen Physikern geforderte „Opfer des Verstandes" wollte Schrödinger nun dadurch umgehen, daß er die ungeklärten Probleme der Gastheorie unter Zuhilfenahme von de Broglies Idee der Materiewelle zu lösen versuchte.

Louis Victor Prince de Broglie hatte in seiner Dissertation von 1924 den Gedanken entwickelt, Einsteins Theorie des lichtelektrischen Effektes und damit den Welle-Teilchen-Dualismus des Lichts auf die stoffliche Materie zu übertragen. Danach sollte jedem Teilchen neben Energie und Impuls auch eine Schwingungsfrequenz bzw. Wellenlänge zugeordnet werden können.

Obwohl de Broglie durch seine Annahme die erste physikalisch plausible Erklärung des Bohrschen Atommodells liefern konnte, widerfuhr der de Broglieschen Hypothese zunächst ein ganz ähnliches Schicksal wie Einsteins kühnem Lichtquantensatz: Man würdigte zwar die Originalität, doch war man allgemein davon überzeugt, daß hier der junge Franzose „über das Ziel hinausgeschossen haben mag". Niemand wollte so recht an die physikalische Realität der Materiewellen glauben. Es spricht für das überragende physikalische Genie Albert Einsteins, daß er zu den wenigen gehörte, die nicht nur die Kühnheit, sondern auch das Schöpferische von de Broglies Ideen erkannten und sie sofort in die aktuelle Forschung einbezogen. Einsteins Autorität sicherte so der de Broglieschen Hypothese weltweites Interesse, ja viele Physiker wurden erst durch ihn auf sie aufmerksam. Erwin Schrödinger hatte sich – ebenfalls durch Einstein angeregt – im Sommer 1925 mit den de Broglieschen Vorstellungen vertraut gemacht und sie in der oben erwähnten Arbeit auf die Gastheorie anzuwenden gesucht. Die dabei gemachten Erfahrungen veranlaßten ihn sogar, eine Verallgemeinerung des Materiewellenkonzepts zu versuchen und sie für die Beschreibung des physikalischen Verhaltens des Atoms zu nutzen. Überlegungen in dieser Richtung lassen sich bis in den Herbst 1925 – also in die Zeit des Abfassens seiner Arbeit zur Einsteinschen Gastheorie – zurückverfolgen, doch wird erst das Jahr 1926 in diesem Punkt endgültige Klarheit bringen und damit in aller Konsequenz

Ernst machen mit der de Broglie-Einsteinschen Undulationstheorie der bewegten Korpuskel, nach welcher dieselbe nichts weiter als eine Art „Schaumkamm" auf einer den Weltgrund bildenden Wellenstrahlung ist. [20, S. 95]

Die Wellenmechanik

Die Mitte der zwanziger Jahre kennzeichnet nicht nur den Höhepunkt jenes tiefgreifenden Umbruchs im physikalischen Denken, den man heute vielfach als das „goldene Zeitalter der Physik" heroisiert. Dieser Zeitraum war auch der Höhepunkt im Schaffen Erwin Schrödingers. Beginnend mit dem Jahr 1926 erschienen nämlich unter dem Titel „Quantisierung als Eigenwertproblem" eine Reihe klassisch zu nennender Abhandlungen, mit denen Schrödinger die bis dahin etwas mysteriöse Wellenmechanik mit einem Schlage auf eine feste Grundlage zu stellen wußte. Diese Arbeiten und die etwa zur selben Zeit entstandene Matrizenmechanik Heisenbergs signalisierten zugleich das Ende jener „anarchischen" Periode der Quantentheorie, die mit Plancks kühner Quantenhypothese begonnen und in der Bohr-Sommerfeldschen Atomtheorie ihre Blüte erfahren hatte.

„Anarchisch" war diese Epoche der Quantenphysik insofern, als sich mit Hilfe der Bohrschen Theorie viele Probleme der Mikrophysik klären ließen, die dabei genutzten Gesetze und Vorstellungen jedoch inkonsistent und widersprüchlich waren. So galten beispielsweise im Bohrschen Atommodell für Elektronenbahnen und Strahlungsphänomene nach wie vor die Gesetze der klassischen Mechanik und Elektrodynamik, wogegen zur Erklärung der Stabilität der Elektronenbahnen quantentheoretische Bedingungen eingeführt werden mußten. Im Rahmen eines einzigen physikalischen Modells wurden Vorschriften verwandt, die sich teils direkt widersprachen und zum Teil für bestimmte Vorgänge (wie z. B. den Quantensprung) einfach außer Kraft zu setzen waren. Vielen Physikern war die innere Widersprüchlichkeit dieses halbklassischen Modells zwar bewußt, doch störte sie dies bei ihren konkreten Berechnungen nur wenig. Die großen praktischen Erfolge nährten bei manchen sogar die Hoffnung, daß eine Überwindung der genannten Widersprüche durchaus innerhalb des bestehenden theoretischen Rahmens möglich sein würde.

Andere Physiker, und hier insbesondere Niels Bohr und seine

Schule, waren seit den Anfängen der sogenannten „Quantenspringerei" davon überzeugt, daß das Bohr-Sommerfeldsche Atommodell nur ein wichtiges Durchgangsstadium auf dem Wege zu einer nichtklassischen Atomtheorie sein konnte. Sie vertraten deshalb die Auffassung, daß man in der Atomphysik eine neue Mechanik suchen muß, die im atomaren Bereich an die Stelle der klassischen Physik zu treten hat.

Der entscheidende Schritt in diese Richtung gelang im Frühsommer 1925 dem erst 23jährigen Werner Heisenberg, der mit seiner fundamentalen Abhandlung „Über die quantentheoretische Umdeutung kinematischer und mechanischer Beziehungen" [66, S. 193] die physikalischen Grundlagen lieferte, auf denen dann er selbst sowie Max Born und Pascual Jordan die „Göttinger Matrizenmechanik" aufbauen konnten. Die Heisenbergschen Überlegungen fußten auf der These, daß man in der Mikrophysik nicht nach den (unbeobachtbaren) Bahnen oder Umlaufzeiten der Elektronen im Atom, sondern nach den meßbaren Differenzen der Strahlungsfrequenzen und Spektrallinienintensitäten fragen müsse und allein darauf eine konsistente Quantentheorie zu begründen sei. Sein Programm, „eine der klassischen Mechanik analoge quantentheoretische Mechanik auszubilden, in welcher nur Beziehungen zwischen beobachtbaren Größen vorkommen" [66, S. 195], lieferte den Ansatz für die langgesuchte, streng gültige Quantenmechanik. Zwar konnte der neue Formalismus zunächst nur auf so einfache Fälle wie den harmonischen und unharmonischen Oszillator erfolgreich angewendet werden, doch ermöglichte die weitere Ausgestaltung der Matrizenmechanik – die dann in enger Zusammenarbeit durch viele Physiker erfolgte – auch schon bald eine exakte Behandlung physikalisch realer Beispiele.

„Da damals", wie Einstein schrieb [84, S. 96], „die Heisenberg-Bornschen Gedanken ... das Sinnen und Denken aller theoretisch interessierten Menschen" in Atem hielt, hatte selbstverständlich auch Erwin Schrödinger von diesen neuen Entwicklungen in der Quantentheorie Kenntnis. Allerdings verfiel er nicht der Begeisterung vieler seiner Fachkollegen, sondern fühlte sich eher durch die „sehr schwierig scheinenden Methoden der transzendenten Algebra und durch den Mangel an Anschaulichkeit abgeschreckt, um nicht zu sagen abgestoßen". [66, S. 147]

Überhaupt fällt es schwer, Erwin Schrödinger in jener Zeit und in jenem kurz angedeuteten Grundlagenstreit der Physik der einen oder anderen Partei zuzuordnen. In Zürich arbeitete er relativ isoliert von den damaligen Zentren der Atomphysik (Kopenhagen, Göttingen, München), zu deren Wortführern (Niels Bohr, Max Born, Arnold Sommerfeld) er auch in keinem direkten Kontakt stand. Hinzu kommt, daß Schrödinger schon damals ein sehr unabhängiger Geist war, der sich in seinen Forschungen nicht unbedingt von „Doktrinen" leiten ließ. Erwin Schrödinger stellte in diesem Zusammenhang anläßlich der Nobelpreisfeierlichkeiten fest:

In meinen wissenschaftlichen Arbeiten bin ich (wie übrigens auch im Leben) nie einer grossen Linie gefolgt, einem für längere Zeit richtunggebenden Programm. Obwohl ich sehr schlecht gemeinsam arbeiten kann, leider auch nicht mit Schülern, ist meine Arbeit doch insofern nie *ganz* selbständig, als mein Interesse an einer Frage immer darauf beruht, dass andere eines daran nehmen. Mein Wort ist selten das erste, aber oft das zweite und wird geweckt durch den Wunsch zu widersprechen oder richtigzustellen . . . [27, S. 87]

Diese Worte charakterisieren nicht nur ausgezeichnet Erwin Schrödingers allgemeinen Denk- und Arbeitsstil, sondern sie weisen zugleich auf den Zwiespalt hin, in dem sich sein Schaffen in der ersten Hälfte der zwanziger Jahre bewegte.

Der modernen Atomtheorie kam ich nur sehr langsam näher. Ihre inneren Widersprüche klangen wie kreischende Dissonanzen an der reinen, unerbittlich klaren Gedankenfolge Boltzmanns gemessen: . . . mancher eigene und mancher fremde Versuch, in der Atomtheorie durch radikalste Abänderung wenigstens wieder zur Klarheit zu kommen, wurde geprüft und verworfen. [93, S. 264]

Diese unentschiedene und ratlose Haltung zu den aktuellsten Problemen der Atomphysik führte schließlich sogar dazu, daß Erwin Schrödinger sein „wissenschaftliches Heil" vorübergehend in anderen, ihm weniger undurchdringlich erscheinenden Gebieten, wie z. B. der Farbenlehre, suchte. Es darf deshalb als ein Glücksumstand gewertet werden, daß Erwin Schrödinger im Sommer 1925 auf die Dissertation Louis de Broglies aufmerksam wurde und in dieser einen erfolgversprechenden Ansatz sah. An Albert Einstein schrieb er in diesem Zusammenhang dankbar:

Übrigens wäre die ganze Sache sicherlich nicht jetzt und vielleicht nie entstanden (ich meine, nicht von meiner Seite), wenn mir nicht durch Ihre zweite Gasentartungsarbeit auf die Wichtigkeit der de Broglie'schen Ideen die Nase gestoßen worden wäre! [72, S. 24]

Erwin Schrödinger griff den de Broglieschen Gedanken, wonach im Bohrschen Atommodell ein den Kern umkreisendes Elektron durch eine stehende Welle beschrieben werden kann, auf und führte ihn im Sinne einer konsequenten Verallgemeinerung weiter aus. Dabei kam ihm neben seiner exzellenten Kenntnis physikalischer Schwingungsprobleme (Farbenlehre!) sicherlich auch die Tatsache zugute, daß er Jahre zuvor schon auf ähnliche Zusammenhänge gestoßen war. Eine 1922 publizierte Arbeit [10] kann sogar rückblickend als eine „freilich ahnungslose Vorläuferin" der de Boglieschen Überlegungen gedeutet werden. Schrödinger konnte hier zeigen, daß auf geschlossenen Quantenbahnen – wie sie z. B. im Atom vorliegen – die Maßzahl einer von einem Elektron hypothetisch „mitgeführten" Strecke sich nach jeder Umlaufperiode reproduziert. Obwohl es für Schrödinger unwahrscheinlich schien, „zu glauben, daß dieses Resultat lediglich eine zufällige mathematische Konsequenz der Quantenbedingungen und ohne tiefere physikalische Bedeutung sei", [15, S. 22] kam er bei der Diskussion daraus folgender Konsequenzen damals nicht weiter.

Drei Jahre später sah es in dieser Beziehung schon sehr viel hoffnungsvoller aus, notierte er doch in einem Brief vom November 1925: „Ich habe mich dieser Tage stark mit Louis de Broglies geistvollen Thesen beschäftigt. Ist außerordentlich anregend ..." [73, S. 313], und einen Monat später kann er seinem Münchener Kollegen Willy Wien sogar schon sehr viel konkreter schreiben:

Im Augenblick plagt mich eine neue Atomtheorie. Wenn ich nur mehr Mathematik könnte. Ich bin bei der Sache sehr optimistisch und hoffe, wenn ich es nur rechnerisch bewältigen kann, so wird es sehr schön. [89, S. 83]

Erwin Schrödinger war damit der Wellenmechanik auf die Spur gekommen, wobei er sich das Atom in Analogie zur schwingenden Seite als ein System von Schwingungszuständen vorstellte und die möglichen Eigenschwingungen dieses Systems als die stabilen Energiezustände des Atoms aufgefaßt wissen wollte. Seine intimen Kenntnisse von Problemen der Schwingungsphysik werden ihm geholfen haben, die physikalische Grundidee mit dem Problem eines wellentheoretischen Eigenwertproblems zu verknüpfen. Hierbei mußte er sich neben gehörigen physikalischen Schwierigkeiten auch durch zahllose mathematische Klippen hindurchquälen. Dabei kam ihm zustatten, daß er seit seinem Studium bei Hasenöhrl mit solchen Problemen wohl vertraut war und in Hermann Weyl, seinem Freund und Kollegen am Züricher Polytechnikum, eine zusätzliche, hervorragende Quelle mathematischen Wissens besaß. Letzterer war dann, und was Schrödinger immer wieder betonte, an der mathematischen Ausgestaltung der Schrödingerschen Wellenmechanik maßgeblich beteiligt.

Bei seinen Arbeiten, mit der de Broglieschen Hypothese ernst zu machen und sie zu einer neuen Atomtheorie auszubauen, konnte Erwin Schrödinger zudem auf Studien zurückgreifen, die er Jahre zuvor zur analytischen Mechanik und insbesondere zu ihrer Hamiltonschen Form angestellt hatte. Der irische Mathematiker und Physiker William Rowan Hamilton hatte nämlich um die Mitte des vergangenen Jahrhunderts nicht nur die klassische Mechanik zur Vollendung geführt, sondern er war bei seinen Untersuchungen auch auf einen formalen Zusammenhang von klassischer Mechanik und geometrischer Optik gestoßen und hatte die mathematische Analogie zwischen beiden herausgearbeitet. Danach lassen sich die Grundgesetze dieser beiden an sich grundverschieden scheinenden Gebiete in einer mathematisch analogen Form darstellen. Ein materieller Punkt von gegebener Energie bewegt sich nämlich in einem gegebenen statischen Kraftfeld und nach denselben Gesetzen wie ein nahezu monochromatischer Lichtstrahl in einem Körper von gegebenem Brechungsindex. Dabei entspricht die konstante Energie des materiellen Punktes der konstanten Schwingungszahl des Lichtstrahls und die Bahngeschwindigkeit des Punktes der Gruppengeschwindigkeit des Strahls. In Verbindung mit einer Arbeit von Peter Debye (nunmehr sein Züricher Kollege!), Arnold Sommerfeld und Iris Runge aus dem Jahre 1911, die zeigte, daß die geometrische Optik einen für unendlich kleine Wellenlängen gültigen Spezialfall der Wellenoptik darstellt,

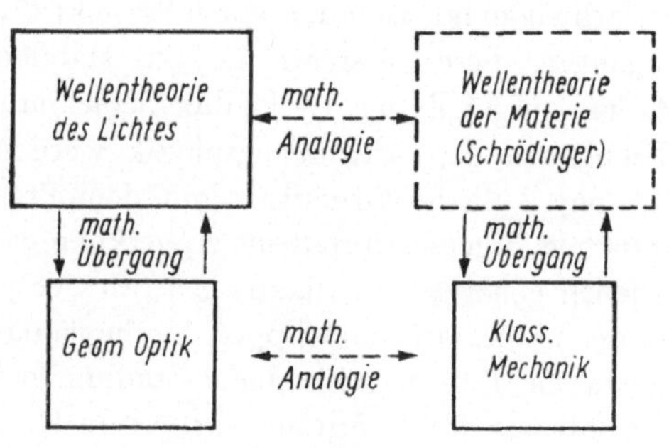

6 Zusammenhang von klassischer Mechanik und geometrischer Optik bzw. der Wellentheorie des Lichtes mit der Wellentheorie der Materie (nach [89, S. 85])

wurde dies für Erwin Schrödinger der konkrete Zugang zur erfolgreichen Ausarbeitung seiner Wellenmechanik. Der Grundgedanke bei Schrödinger war dabei der, die mathematische Analogie zwischen Optik und Mechanik als physikalische Analogie zwischen den entsprechenden Wellen (Licht- und Materiewellen) weiterzuführen, wobei die Analogie in der Weise festgelegt ist, wie klassische Mechanik und geometrische Optik miteinander verknüpft sind (vgl. Abb. 6). Erwin Schrödinger schrieb hierüber in seiner zweiten Mitteilung:

... schon der erste Versuch einer wellentheoretischen Ausgestaltung führt auf so frappante Dinge, daß ein ganz anderer Verdacht aufsteigt: wir wissen doch heute, daß unsere klassische Mechanik bei sehr kleinen Bahndimensionen und sehr starken Bahnkrümmungen versagt. Vielleicht ist dieses Versagen eine volle Analogie zum Versagen der geometrischen Optik, d. h. der „Optik mit unendlich kleiner Wellenlänge", das bekanntlich eintritt, sobald die „Hindernisse" oder „Öffnungen" nicht mehr groß sind gegen die wirkliche, endliche Wellenlänge. Vielleicht ist unsere klassische Mechanik das volle Analogon der geometrischen Optik und als solches falsch, nicht in Übereinstimmung mit der Wirklichkeit, sie versagt, sobald die Krümmungsradien und Dimensionen der Bahn nicht mehr groß sind gegen eine gewisse Wellenlänge, der im q-Raum reale Bedeutung zukommt. Dann gilt es, eine „undulatorische Mechanik" zu suchen – und der nächstliegende Weg dazu ist wohl die wellentheoretische Ausgestaltung des Hamiltonschen Bildes. [66, S. 132]

Da sich das de Brogliesche Materiewellenkonzept auf die spezielle Relativitätstheorie gründet, mußte es auch für Erwin Schrödinger physikalisch konsequent erscheinen, für seine Überlegungen ebenfalls einen relativistischen Zugang zu wählen. Nach intensiver Suche und der Bewältigung mannigfaltiger mathematischer Schwierigkeiten gelang ihm in den letzten Dezembertagen des Jahres 1925 die Aufstellung einer relativistischen Wellengleichung, die von jener Form war, wie sie heute als Klein-Gordon-Gleichung bezeichnet wird:

$$\Delta\psi + \frac{4\pi^2}{h^2}\left[\left(\frac{ih}{2\pi c}\frac{\delta}{\delta t} + \frac{e^2}{cr}\right)^2 - m^2c^2\right]\psi = 0$$

(c Lichtgeschwindigkeit, m Elektronenmasse, e Elementarladung, r Abstand Elektron – Kern, ψ Wellenfunktion, Δ Laplace-Operator).

Diese relativistische Schrödinger-Gleichung führte jedoch noch nicht zum erwarteten Erfolg, da sich eine nur unzureichende Übereinstimmung mit der experimentellen Erfahrung ergab. Die Energiewerte des Wasserstoffatoms, Standardbeispiel der Atomphysik, ließen sich nur unvollständig bzw. nicht völlig exakt ermitteln; insbesondere kam die Feinstruktur der Wasserstofflinien nicht exakt genug heraus. Verantwortlich für das Dilemma war nicht so sehr der von Schrödinger gewählte Ansatz als vielmehr der damalige Erkenntnisstand der Physik. Die von Schrödinger hergeleitete Gleichung gibt nämlich lediglich das Verhalten von Teilchen ohne Spin absolut richtig wieder, während für das Elektron eben der Spin Berücksichtigung finden muß. Dies wußte man jedoch zum damaligen Zeitpunkt noch nicht, hatte man doch gerade erst die ersten Versuche zum Verständnis des Elektronenspins unternommen.

Erwin Schrödingers Hoffnungen auf eine erfolgreiche Lösung der Rätsel der Atommechanik waren durch den Mißerfolg zwar getrübt, doch keineswegs gebrochen. Jedenfalls scheint er von der Richtigkeit des eingeschlagenen Weges überzeugt geblieben zu sein, denn es ist sehr wahrscheinlich, daß er an der Jahreswende 1925/26 dem Herausgeber der „Annalen der Physik" ein Manuskript einreichte, das über seine Bemühungen berichtete und die relativistische Wellengleichung enthielt. [62, S. 96] Hierbei wird sich Erwin Schrödinger von der Tatsache haben leiten lassen, daß die gewonnenen Resultate ja „einigermaßen richtig" waren: die unrelativistischen Balmer-Terme konnten durch die relativistische Wellengleichung korrekt wiedergegeben werden, und auch die Sommerfeldsche Feinstrukturformel wurde formal erhalten; allerdings mit jenen unverständlichen „halbzahligen Azimutal- und Radialquanten", die sich nur mit Hilfe des Elektronenspins deuten lassen. Hinzu kommt, daß die Heisenbergsche Matrizenmechanik ebenfalls ihre Schwierigkeiten mit dem Wasserstoffspektrum hatte und eine korrekte Berechnung des Wasserstoffatoms erst Wolfgang Pauli in den letzten Wochen des Jahres 1925 gelungen war. Erwin Schrödinger wird damals nicht einmal Kenntnis davon gehabt haben.

Es sprach somit einiges für den zugrunde gelegten relativistischen Ansatz. Dennoch entschloß sich Schrödinger nach einigen Tagen, diesen zugunsten einer möglichst weitgehenden Übereinstimmung mit dem experimentellen Tatsachenmaterial aufzugeben, sein Manuskript zurückzuziehen und statt dessen die nichtrelativistische

Näherung des Problems detailliert auszuarbeiten. Da vom Methodisch-Mathematischen beide Wege weitgehend analog sind, wird die Umarbeitung des ursprünglichen Manuskripts nicht mit sonderlich großen Schwierigkeiten verbunden gewesen sein. Jedenfalls konnte Erwin Schrödinger schon am 26. Januar 1926 die endgültige Fassung seines Manuskripts den „Annalen der Physik" zum Druck geben. Wenige Wochen später erschien sie dann unter dem Titel „Quantisierung als Eigenwertproblem (Erste Mitteilung)" und bildete den Auftakt einer Serie solcher im ersten Halbjahr 1926 erscheinender Abhandlungen, die einen völlig neuartigen Weg zur Lösung der anstehenden Probleme der Quantenphysik eröffneten und den Autor mit einem Schlag in die vorderste Reihe der Quantentheoretiker stellten.

Kernstück der ersten Mitteilung ist die aus der optisch-mechanischen Analogie hergeleitete „Wellengleichung" der Materie, die in der Schrödingerschen „Urform" für das Wasserstoffatom lautet:

$$\Delta\psi + \frac{2m}{K^2}\left(E + \frac{e^2}{r}\right)\psi = 0$$

(ψ Wellenfunktion, m Elektronenmasse, e Elementarladung, r Abstand Kern – Elektron, E Energie, $K = h/2\pi$, h Plancksche Konstante).

Diese heute allgemein als Schrödinger-Gleichung bekannte Beziehung stellt eine Verallgemeinerung des de Brieglieschen Materiewellenkonzepts dar und ist eine mathematisch relativ einfach zu handhabende lineare Differentialgleichung, deren Lösungen physikalisch stehenden Wellen entsprechen. Das war für Erwin Schrödinger völlig zu Recht der „springende Punkt" der Angelegenheit, lassen sich doch die stationären Bahnen der Bohr-Sommerfeldschen Theorie nun als Eigenschwingungen deuten – in dem Sinne, wie eine eingespannte Saite oder Platte nur mit diskreten, durch die Randbedingungen festgelegten Frequenzen schwingt. In seinen epochemachenden Abhandlungen zur Wellenmechanik berechnete Erwin Schrödinger mit Hilfe seiner Wellengleichung nicht nur die Energiestufen des „harmonischen Oszillators" und „starren Rotators", sondern konnte auch am Beispiel des physikalisch sehr viel aussagekräftigeren Wasserstoffatoms sowie des Stark-Effektes en detail nachweisen, daß die theoretisch bestimmten

Energiewerte entweder mit denen der älteren bzw. der Heisenbergschen Quantentheorie identisch sind oder aber in Übereinstimmung mit der experimentellen Erfahrung stehen.

Was der Schrödingerschen Wellengleichung bis heute ihre grundlegende Bedeutung verliehen hat, ist nicht nur der grundsätzlich neuartige Zugang zu den Phänomenen der Mikrophysik, sondern zugleich die Tatsache, daß sie durch die Einordnung der Quantengesetze in das „sattsam bekannte" Schema einer gewöhnlichen Differentialgleichung eine ganz neue Methodik zur mathematischen Bewältigung der schwierigen quantentheoretischen Probleme schuf. Indem Erwin Schrödinger bei seinen Berechnungen ohne die transzendente Algebra der Heisenbergschen Matrizenmechanik auskam und mit jenen altbekannten Methoden der mathematischen Physik arbeitete, die seit klassischer Kontinuumsmechanik und Elektrodynamik jedem Physiker geläufig waren, wurde die neue Quantenmechanik eigentlich erst praktikabel. Dies war dann auch Grund genug, daß sich die Schrödingersche Methode – was die mathematische Behandlung anbelangt – schon bald einer sehr viel größeren Beliebtheit erfreute als Heisenbergs Matrizenkalkül [vgl. 102]. Nicht zuletzt wegen dieses Umstandes machte die Schrödingersche Wellenmechanik unter den zeitgenössischen Physikern einen ganz außerordentlichen Eindruck. Albert Einstein, der ja bei Schrödingers Untersuchungen mittelbar Pate gestanden hatte, urteilte in einem Brief: „Der Gedanke Ihrer Arbeit zeugt von ächter Genialität!" [72, S. 22], und Max Planck schrieb an den Verfasser der epochemachenden Arbeit:

Ich lese Ihre Abhandlung, wie ein neugieriges Kind die Auflösung eines Rätsels, mit dem es sich lange geplagt hat, voller Spannung anhört, und freue mich an den Schönheiten, die sich dem Auge enthüllen ... [72, S. 3]

Allerdings erweckte die Verlagerung der mathematischen Probleme in den Bereich der Kontinuumsphysik auch bei vielen Physikern die Hoffnung, daß sich die Quantenphysik in letzter Konsequenz doch klassisch-anschaulich deuten ließe. Eine Hoffnung übrigens, der Erwin Schrödinger mit seiner dritten, im März 1926 zum Druck gegebenen Mitteilung zusätzliche Nahrung gegeben hatte. Schrödinger – und unabhängig davon auch Wolfgang Pauli – war es nämlich im Anschluß an die Begründung der Wellenmechanik gelungen, die vollständige mathematische Äquivalenz der beiden so grundverschiedenen Theorien von Matrizen- und Wellenmechanik nachzuweisen; aus den Schrödingerschen Eigenfunktionen lassen sich die Heisenbergschen Matrizen konstruieren und umgekehrt. Nach jenem kurzen Interregnum, in dem die Quantenrätsel auf zweierlei Art und Weise lösbar schienen, gab es nun wieder eine einzige Quantentheorie.

Hierdurch waren jedoch die Diskussionen um deren physikalischen Inhalt keineswegs abgeschlossen, denn gerade in diesem Punkte blieb das Lager der Physiker auch weiterhin gespalten. Im Mittelpunkt der Auseinandersetzungen stand der physikalisch-erkenntnistheoretische Hintergrund der neuen Theorie und vor allem natürlich der Wellenfunktion. Erwin Schrödinger, für den der klassische Bewegungsbegriff absolute Gültigkeit besaß, versuchte die Wellenfunktion sehr anschaulich zu interpretieren und sprach in diesem Zusammenhang von Schwingungen im dreidimensionalen Raum. Diese Auffassung implizierte nicht nur die prinzipielle Meßbarkeit von ψ, sondern ermöglichte auch, in ganz einfacher Weise mit der suspekt erscheinenden Quantenspringerei Schluß zu machen. Letztere konnte man nun als den allmählichen Übergang einer Eigenschwingung der Energie E_m in eine der Energie E_n umdeuten, wobei während des Abklingens der einen und des Aufschaukelns der anderen Teilschwingungen die Energiedifferenz $E_{m,n}$ in Form einer elektromagnetischen Welle ausgestrahlt wird. Das Elektron erschien damit über das gesamte Atom als elektrische Ladungswolke ausgebreitet und in eine räumlich ausgedehnte Welle aufgelöst, die sich kontinuierlich – eben ohne die Quantensprünge – bewegt. Die Quantenmechanik war damit in einer für Schrödinger erfreulichen Art und Weise an die klassische Physik angeschlossen, so daß er ein „menschliches Näherrücken all dieser Dinge" konstatierte.

Insbesondere bei den in der Tradition der klassischen Physik erzogenen Altmeistern der Physik hatten die Vorstellungen Erwin Schrödingers teilweise begeisterte Zustimmung erfahren. Willy Wien sprach von dem „bedeutendsten Schritt für die Klärung der Quantentheorie" und hoffte, daß man nun nicht mehr im „Sumpf von halben und ganzen Quantenkontinuitäten herumplätschern müsse" und „wieder strengeres physikalisches Denken" die Oberhand gewinnen würde. Dem entgegen stand das Urteil der jüngeren Quantentheoretiker, für die Schrödingers halbklassische Interpretation eine Herausforderung darstellte und die die Überzeugung vertraten, daß

in den prinzipiellen physikalischen Fragen ... die populäre Anschaulichkeit der Wellenmechanik vom geraden Wege ab[ge]führt, der durch die Arbeiten Einsteins und de Broglies einerseits, durch die Arbeiten Bohrs und die Quantenmechanik andererseits vorgezeichnet war. [87, S. 189]

Der für seinen treffsicheren Witz berühmte Wolfgang Pauli sprach deshalb kurzerhand vom „Züricher Lokalaberglauben", obgleich er – ebenso wie die anderen Kritiker – die Schrödingerschen Abhandlungen in physikalisch-mathematischer Hinsicht „zu dem Bedeutendsten zählt[e], was in letzter Zeit geschrieben wurde".

Durch das Lager der Physik ging also in der Frage einer adäquaten Interpretation der neuen Quantentheorie ein tiefer Riß, doch es spricht für die persönliche Integrität und Größe der damaligen Wissenschaftler, daß in dem zuweilen sehr heftig und mit aller Schärfe geführten Meinungsstreit nie der Bereich des Wissenschaftlichen verlassen wurde – allen gemeinsam war das engagierte Ringen um ein einheitliches und widerspruchsfreies Verständnis der Quantenmechanik.

Ein erster Höhepunkt in diesem Ringen war erreicht, als Erwin Schrödinger im Herbst 1926 die Einladung Niels Bohrs nach Kopenhagen annahm, um im persönlichen Gespräch eine Einigung über die kontroversen Grundfragen von Wellen- und Matrizenmechanik herbeizuführen. Werner Heisenberg, der zu jener Zeit ebenfalls am Bohrschen Institut weilte, gab folgenden Bericht über die zuweilen bis zur physischen Erschöpfung geführten Diskussionen der beiden großen Phyiker:

Die Diskussionen zwischen Bohr und Schrödinger begannen schon auf dem Bahnhof in Kopenhagen und wurden jeden Tag vom frühen Morgen bis spät in die Nacht hinein fortgesetzt. Schrödinger wohnte bei Bohrs im Hause, so daß es schon aus äußeren Gründen kaum eine Unterbrechung der Gespräche geben konnte. Und obwohl Bohr sonst im Umgang mit Menschen besonders rücksichtsvoll und liebenswürdig war, kam er mir hier beinahe wie ein unerbittlicher Fanatiker vor, der nicht bereit war, seinem Gesprächspartner auch nur einen Schritt entgegenzukommen oder auch nur die geringste Unklarheit zuzulassen... So ging die Diskussion über viele Stunden des Tages und der Nacht, ohne daß es zu einer Einigung gekommen wäre. Nach einigen Tagen wurde Schrödinger krank, vielleicht als Folge der enormen Anstrengung; er mußte mit einer fiebrigen Erkältung das Bett hüten. Frau Bohr pflegte ihn und brachte Tee und Kuchen, aber Niels Bohr saß auf der Bettkante und sprach auf Schrödinger ein: „Aber Sie müssen doch einsehen, daß...". [88, S. 105; 109]

Zu einer Verständigung über die Grundfragen des quantenmechanischen Formalismus kam es nicht – konnte es auch gar nicht kommen, da keine Partei zum damaligen Zeitpunkt eine vollständige, in sich geschlossene Deutung der Quantenmechanik anzubieten hatte. Intensiv wurde in den folgenden Monaten um die weitere Klärung dieser Probleme gerungen, wobei die Entwicklung auf diesem Gebiet klar machte, daß sich die halbklassische Interpretation der Schrödingerschen Wellenmechanik nicht aufrechterhalten ließ. Schwierigkeiten ergaben sich sowohl im Zusammenhang mit der Deutung der Wellenfunktion (beim Übergang zu Mehr-Elektronen-Problemen versagt nämlich die ursprünglich von Schrödinger vorgeschlagene Identifizierung der Wellenfunktion mit einer klassischen räumlichen Ladungsdichte), vor allem jedoch im Zusammenhang mit dem Versuch, die Physik – unter Preisgabe des Welle-Teilchen-Dualismus – einseitig auf ein durchgängiges Wellenkonzept zu gründen. Hierzu hatte Schrödinger in seiner Arbeit „Der stetige Übergang von der Mikro- zur Makromechanik" [19] den Versuch unternommen, in die Physik enge Wellengruppen (sogenannte Wellenpakete) als Repräsentanten für die diskreten Teilchen einzuführen. Allerdings ließ sich trotz intensiver Bemühungen nur ein einziges Beispiel (der harmonische Oszillator) für eine derartige korpuskulare Deutung der Wellengruppen angeben; in allen anderen Fällen „zerfließen" die Wellenpakete schon nach kurzer Zeit, so daß es im Rahmen der Schrödingerschen Theorie eigentlich keine stabilen Elementarobjekte hätte geben dürfen. Dies steht natürlich im Widerspruch zu den Beobachtungen, die stets streng lokalisierte Teilchen zeigen. Selbstverständlich hat auch Erwin Schrödinger die damit zusammenhängenden Probleme gesehen, doch glaubte er, daß es nur „eine Frage des rechnerischen Könnens" sein werde, diesen Widerspruch aufzulösen. [72, S. 9]

Den Ausweg aus diesem Dilemma brachte dann im Spätsommer 1926 Max Borns Untersuchung atomarer Stoßvorgänge. Das Studium der Streuung von Elektronen und Alphateilchen an Atomkernen lieferte nämlich überraschenderweise einen Zugang für das Verständnis der Schrödingerschen Wellenfunktion: das Quadrat der Wellenamplitude bedeutet die Wahrscheinlichkeit, daß das betreffende Teilchen an einem bestimmten Ort angetroffen werden kann. Während für Erwin Schrödinger die Wellenfunktion noch eine unmittelbar meßbare Größe gewesen war, übernahm diese bei Born nur noch die Rolle eines Führungsfeldes für die Elektronen (Einstein sprach ironisch von einem „Gespensterfeld"), das sich in Übereinstimmung mit der Schrödinger-Gleichung ausbreitet. Das bedeutet aber nichts anderes, als daß sich aus der Wellenfunktion lediglich die Wahrscheinlichkeit für das Auftreten eines bestimmten Ereignisses bestimmen läßt; über das Ereignis selbst (z. B. die Emission eines Lichtquants) läßt sich nichts mit Bestimmtheit sagen, da die Wellenfunktion den Einzelvorgang nur in seinen Eigenschaften als Glied eines statistischen Ensembles erfaßt. Damit war die Wellenmechanik auf ihren eigentlich physikalischen Kern gebracht und vielen abwegigen Spekulationen – darunter auch Schrödingers naiv-realistische Auffassungen – die Grundlage entzogen.

Für Erwin Schrödinger war diese Wende zu einer statistischen Interpretation der Quantentheorie, die mit der sogenannten Kopenhagener Deutung auch schon bald (1927) eine relativ abgeschlossene und widerspruchsfreie Form erhalten sollte, zutiefst unbefriedigend. Gegenüber Bohr hatte er während seines Aufenthaltes in Kopenhagen verzweifelt erklärt:

Wenn es doch bei dieser verdammten Quantenspringerei bleiben soll, so bedaure ich, mich überhaupt jemals mit der Quantentheorie abgegeben zu haben. [88, S. 108]

Und Jahre später urteilte er in einem Jubiläumsband für Louis de Broglie:

Es muß de Broglie genauso getroffen und enttäuscht haben wie mich, als wir erfuhren, daß vornehmlich an einer Art transzendentaler, nahezu psychischer Auslegung des Wellenphänomens gearbeitet worden war, die sehr bald von den meisten führenden Theoretikern als die einzige der experimentellen Erfahrung gemäße Deutung begrüßt wurde. [103, S. 18]

Diese konsequente Ablehnung der statistischen Interpretation wundert um so mehr, als Erwin Schrödinger nur wenige Jahre zuvor sogar einer statistischen Gültigkeit des Energieerhaltungssatzes das Wort geredet hatte [11] und er darüber hinaus durch seinen Lehrer Franz Exner darauf vorbereitet war, die absolute Determiniertheit des molekularen Geschehens nicht unbedingt als naturgegebene Selbstverständlichkeit hinzunehmen [vgl. 55]. Trotzdem hat Erwin Schrödinger nie – ähnlich wie de Broglie, Einstein, Laue oder Planck – seine ablehnende Haltung gegenüber der Kopenhagener Auffassung der Quantentheorie aufgegeben. Ihm schien es geradezu unheimlich, daß „Elektronen wie Flöhe springen sollten", und da er davon überzeugt war, daß eine wissenschaftliche These nicht durch Mehrheitsbeschlüsse entscheidbar ist, hat er in Diskussionen und Publikationen immer wieder die Gelegenheit gesucht, das Elektron als Welle zu verteidigen. Über eine solche Gelegenheit berichtet Max Born im Nachruf auf Erwin Schrödinger:

Schrödinger veröffentlichte … eine große Abhandlung ([35] – D. H.), in der er seine Ideen auf breitester philosophischer Basis verteidigte und gegen anders Denkende schärfste Angriffe richtete … [man] lud uns beide dann zu einer öffentlichen Disputation in London ein. Zu dieser erschien ich auch, aber von Schrödinger kam die Nachricht, daß er durch eine ernste Erkrankung verhindert sei, teilzunehmen. So kam dieser Kampf der Ideen, der an Zeiten der Reformation gemahnte, nicht zustande … Später veröffentlichte ich meine Antwort auf Schrödingers Angriffe … Darauf hat er nicht mehr geantwortet; und das begründete er in einem seiner letzten Briefe so: „Nichts liegt mir selbstverständlich ferner, als es unter meiner Würde zu finden, Dir zu antworten. Aber Du kennst die Redewendung aus dem englischen Unterhaus: ‚I have nothing to add to what I said.' *Dafür* bemühe ich den Herausgeber, Setzer usw. nicht gern." [43, S. 86]

Auch wenn sich Erwin Schrödingers Hoffnungen auf den Aufbau einer Art klassischer Feldphysik für das atomare Geschehen nicht erfüllt haben und seine diesbezüglichen Anstrengungen eigentlich nur noch von historischem Interesse sind, stellen sie dennoch wichtige Marksteine in der Entwicklung der Physik unseres Jahrhunderts dar. Die Schrödingersche Wellenmechanik ist eben nicht nur als der bedeutsamste Schritt bei der Ausbildung der mathematischen Methoden der Quantentheorie zu werten, sondern sie war auch ein Meilenstein in der Geschichte ihrer erkenntnistheoretischen Deutung.

Anknüpfend an seine epochemachenden Abhandlungen hat sich Erwin Schrödinger in den nachfolgenden Jahren um die konkrete Ausgestaltung und Nutzung der Wellenmechanik verdient gemacht. Insbesondere seine Arbeiten zur Störungstheorie halfen, die Grundlage für jene Vielzahl von Anwendungen zu schaffen, die in der Folgezeit ausgearbeitet wurden und die Schrödinger-Gleichung zu einem der wichtigsten Hilfsmittel der modernen Physik werden ließ, deren Anwendungsbereich von der Festkörper- bis

zur Elementarteilchenphysik reicht. Ihre dominierende Stellung
hält bis heute ungebrochen an und macht den Namen Schrödinger
wohl zu einem der meistzitierten Namen der physikalischen Fachliteratur. Daß Erwin Schrödinger auch schon von seinen Zeitgenossen hohe Wertschätzung erfuhr, drückt sich nicht nur in den
oben zitierten Briefausschnitten aus, sondern auch darin, daß er
in den damals führenden physikalischen Forschungszentren ein
gern gesehener Diskussionspartner war. So hatte er bereits vor seiner Reise nach Kopenhagen in München, im berühmten Berliner
Physikalischen Kolloquium sowie vor der Physikalischen Gesellschaft über seine Wellenmechanik vorgetragen und sich der Diskussion seiner Fachkollegen gestellt. Ende Dezember 1926 folgte
er einer Einladung amerikanischer Kollegen und besuchte mehrere
Universitäten in den USA.

„Die schöne Lehr- und Lernzeit" in Berlin

Mit seiner Wellenmechanik war Erwin Schrödinger in die erste
Reihe der Physiker seiner Zeit aufgerückt. Dieser wissenschaftliche Aufstieg machte Schrödingers Namen aber nicht nur in der
wissenschaftlichen Öffentlichkeit allgemein bekannt, sondern ließ
ihn zugleich für eine der renommierten Physikprofessuren inter-
essant werden. Besonders günstig erwiesen sich in dieser Beziehung die Möglichkeiten an der Berliner Universität, an der durch
die Emeritierung von Max Planck ohnehin ein Lehrstuhl für theoretische Physik neu zu besetzen war.

Die Chance für Berlin stand somit denkbar günstig, und tatsächlich wurde bereits in den ersten Sitzungen der für die Nachfolge
Plancks eingesetzten Berufungskommission der Name Erwin Schrödingers als möglicher Kandidat genannt. Dabei führte man neben
seinen herausragenden wissenschaftlichen Verdiensten ins Feld,
„dass er besonders gute und klare Vorlesungen hält", deren Eindruck zudem „durch das gewinnende Temperament des Süddeut-
schen noch verstärkt wird". Nach mehrmonatigen Diskussionen,
in denen beispielsweise Werner Heisenberg für die Berliner Professur „als zu jung" befunden wurde, einigte sich die Kommission
am 2. November 1926 auf die endgültige Vorschlagsliste, auf der
Erwin Schrödinger zwar nur auf Platz zwei (vor Max Born) erscheint, doch war die Wahrscheinlichkeit, den an erster Stelle genannten Arnold Sommerfeld für Berlin zu gewinnen, nicht hoch.
Sommerfeld stand bereits kurz vor der Vollendung seines sechs-
ten Lebensjahrzehnts und bekleidete überdies in München eine
der angesehensten Physikprofessuren Deutschlands.

Daß man dennoch Arnold Sommerfeld an die Spitze der Beru-
fungsliste setzte, zeigt, welch hoher Rang dem Berliner Lehrstuhl
eingeräumt wurde. Als Nachfolger des geistigen Oberhauptes der
deutschen Physiker kam eben nur eine Persönlichkeit von fachlich
höchster Qualifikation in Frage, und dabei konnte Arnold Sommerfeld nicht übergangen werden. Eine solche Haltung entsprang
keineswegs übertriebenem Geltungsbedürfnis der Berliner Pro-

7 Erwin Schrödinger
und Lise Meitner

fessoren, sie spiegelt vielmehr die tatsächliche Bedeutung Berlins
für die Wissenschaftsentwicklung jener Zeit wider. Insbesondere
auf dem Gebiet der Physik und ihrer angrenzenden Disziplinen
bildeten damals „zwei große Hochschulen, die Physikalische Reichsanstalt, die Kaiser-Wilhelm-Institute, das Astrophysikalische Observatorium in Potsdam, die bedeutenden Forschungsstätten der
großen Industrien eine Ansammlung von Physikern allerersten
Ranges ohne Beispiel in der Geschichte der Physik" [41, S. 145]
aus.

Die allgemeine Geschichte dieses Gebietes war so aufs engste mit
der Geschichte der Berliner Wissenschaftseinrichtungen verbunden,
an denen so berühmte Gelehrte wie Albert Einstein, Fritz Haber,
Otto Hahn, Lise Meitner, Max von Laue, Walther Nernst oder
Max Planck wirkten.

Nachdem sich Arnold Sommerfeld nicht dazu entschließen konnte, nach Berlin überzusiedeln, stand Erwin Schrödinger vor der nicht leichten Entscheidung, seine Züricher Professur mit der in Berlin zu vertauschen. Seine diesbezüglichen Gefühle waren zwiespältig: Einerseits war der Gedanke, Plancks Nachfolge anzutreten und Kollege Albert Einsteins und der anderen bedeutenden Gelehrten zu werden, verlockend; andererseits war er in den zurückliegenden Jahren in Zürich seßhaft geworden, hatte dort seine großen wissenschaftlichen Erfolge erringen können und stand in einem anregenden wissenschaftlichen wie persönlichen Kontakt zu so bedeutenden Gelehrten wie Peter Debye und Hermann Weyl. Dies alles aufzugeben und sich statt dessen im hektischen Berlin der zwanziger Jahre einen neuen Wirkungskreis aufzubauen, war für ihn eine schwere Entscheidung.

Auch die Züricher versuchten ihren angesehenen Kollegen zu halten – so bot man ihm eine Doppelprofessur an der ETH und Züricher Universität an, und auch hinsichtlich weiterer Forderungen war man sicherlich gewillt, Kulanz zu zeigen. Dies alles wog schwer, aber noch attraktiver waren für Schrödinger die Vorzüge Berlins, des damaligen Zentrums der Physik. Den letzten Ausschlag gab dann eine Bemerkung Plancks, daß es ihn persönlich sehr freuen würde, in Erwin Schrödinger seinen Nachfolger zu finden. Hierauf beziehen sich auch die folgenden Verse, die Schrödinger nach seiner Übersiedlung in das Plancksche Gästebuch schrieb [58, S. 186]:

Wenn dort am Horizont, ein ferner Traum
Die Firnenkette matt aus Wolken glänzte,
Den sanftumspülten, weichen Ufersaum
Der alten Wipfel Neigen schön umkränzte,
Dann überlief mich wohl ein banges Zagen:
Ich sollte fort aus diesem stillen Land,
Und alles, was den Geist hierher gebannt,
Sollt ich zu meiden, zu verlassen wagen! –

Die Ehre rief! – Doch was ist Ehre Dir,
Des Gaukelspiels spöttischer Verächter!
Ansehen – für drei Jahrzehnte oder vier!
Kann die Physik der kommenden Geschlechter
Mit Ruhm und Ehre Dir das Leid bezahlen,
Das lebend eingesargt in Sand und Stein,
Dich bald Dein tolles Wagnis läßt bereuen,
Mit Ruhm und Ehre Deiner Sehnsucht Qualen!

So dacht ich oft, und wenn ich dennoch kam,
War's nicht um Ruhm, das will ich wohl beschwören.
Und auch – ich sag es nur mit leiser Scham –
Auch Gold allein nicht konnte mich betören.
Den Ausschlag gab ein Wort – aus langen Reihen
Von Briefen, von Gesprächen, bunt und kraus,
Verehrungswürdige Lippen sprachen's aus,
Nicht drängend zwar. Ganz kurz: Mich tät es freuen.

Erwin Schrödinger siedelte im Spätsommer des Jahres 1927 nach Berlin über und trat mit Beginn des Wintersemesters – am 1. Oktober – sein Amt als Ordentlicher Professor für theoretische Physik an. Das intellektuelle Klima an der Universität und in den anderen wissenschaftlichen Gremien ließ den gebürtigen Österreicher sehr schnell in der preußisch-deutschen Metropole heimisch werden. Es ist kennzeichnend für die Bescheidenheit und das Wesen Schrödingers, wenn er in diesem Zusammenhang einmal bemerkte:

... man [fühlte] nur einen Bruchteil der Verantwortung auf sich, konnte untertauchen in der Zahl derer, die einen an Alter und Ansehen überragten. Und so waren diese Jahre wissenschaftlich sehr schön und sehr frei. [27, S. 87]

In Berlin herrschte zur damaligen Zeit ein ungemein intensives wissenschaftliches Leben. An jedem Mittwochnachmittag versammelten sich z. B. die Physiker zu ihrem weltberühmten Kolloquium, um die jeweils aktuellsten physikalischen Probleme zu diskutieren. Meist wurden die Diskussionen – ohne Beachtung von Dienstzeiten oder institutionellen Gegebenheiten – in Form der Nachsitzung in einem Berliner Lokal weitergeführt, so daß die gegenseitige Verbundenheit der Berliner Physiker sehr groß war. Erwin Schrödinger wurde in diese Gemeinschaft Gleichgesinnter sehr schnell aufgenommen, und er fühlte sich dort von Anfang an wohl. Insbesondere zu Albert Einstein, Max Planck und natürlich zu seiner Landsmännin Lise Meitner entwickelten sich Beziehungen, die weit über den Rahmen der wissenschaftlichen Arbeit hinausgingen. So sah man ihn oft unter den Gästen der Planckschen Hauskonzerte, obwohl er – ganz im Gegensatz zu vielen seiner Kollegen – nicht selbst ein Instrument spielte. Häufig war er auch Gast der Familie Einstein. Insbesondere die Idylle des Caputher Einstein-Hauses liebte er sehr, konnte man doch hier ungestört vom Großstadttrubel stundenlang wissenschaftliche Dispute führen oder auf Segelbootfahrten die Schönheiten der märkischen Landschaft genießen. Auch Schrödingers Heim im Berliner Grunewald war mit seinen „Wiener-Würstel-Abenden" ein viel besuchtes Zentrum wissenschaftlicher Geselligkeit. Die sechs Jahre in Berlin gehörten so – wie Erwin Schrödinger immer wieder betont hat – zu der glücklichsten Zeit seines Lebens.

In wissenschaftlicher Hinsicht waren die Jahre in Berlin ebenfalls sehr produktiv, so daß Schrödinger diesen Lebensabschnitt sogar einmal als „sehr schöne Lehr- und Lernzeit" apostrophiert hat. Wichtige Arbeiten zur weiteren Ausgestaltung der Wellenmechanik konnten abgeschlossen werden, wobei neben physikalischen Detailproblemen, die u. a. die weitere Ausformung der quantentheoretischen Störungstheorie und damit zusammenhängende Probleme betrafen, immer stärker grundsätzliche Fragen der Interpretation des quantenmechanischen Formalismus ins Zentrum des Interesses rückten. Hierbei fand er für das von ihm vertretene Konzept unter seinen Berliner Kollegen engagierte Mitstreiter; auch Albert Einstein, Max Planck und Max von Laue gingen von einer mehr konservativen Deutung der Quantentheorie aus, die statistische Gesetze als letzte Grundlage der Physik konsequent ablehnte; wie Einstein wollte auch Schrödinger nicht daran glauben, daß „der Alte würfelt". Von Seiten der Kopenhagener und Göttinger Kollegen erfuhren diese Vorstellungen heftigste Kritik, und in diese Auseinandersetzungen ordnen sich viele der Schrödingerschen Arbeiten aus jener Zeit ein. Sie alle wollten den Nachweis erbringen, daß die Quantentheorie in ihrer Kopenhagener Interpretation (Komplementaritätsprinzip, Unschärferelation, statistische Deutung) keineswegs die endgültige Auflösung der in den vorangegangenen Jahren diskutierten Widersprüche gebracht hatte, sondern nach wie vor nur provisorischen Charakter – im Sinne der physikalisch-erkenntnistheoretischen Grundlagen – besaß. Wirkung hat Erwin Schrödinger mit diesen Arbeiten allerdings kaum erzielt; zwar legten sie den Finger auf manche offene Wunde der Quantentheorie, doch ein zweifelsfreier Beweis für deren prinzipielle Unvollständigkeit war damit noch nicht erbracht, die physikalischen Grundfesten der Kopenhagener Deutung blieben dadurch unerschüttert.

Bereits unmittelbar nach seinem Amtsantritt in Berlin bot sich übrigens für Erwin Schrödinger die Gelegenheit, in direktem Mei-

8 5. Solvay-Konferenz in Brüssel 1927. Jeweils v. l. n. r.: untere Reihe:
Langmuir, Planck, Mme Curie, Lorentz, Einstein, Langevin, Guye, Wilson,
Richardson; mittlere Reihe: Debye, Knudsen, Bragg, Kramers, Dirac,
Compton, de Broglie, Born, Bohr; obere Reihe: Piccard, Henriot, Ehrenfest,
Herzen, DE Donder, Schrödinger, Verschaffelt, Pauli, Heisenberg, Fowler,
Brillouin.

nungsstreit seine kontroverse Auffassung zu den Grundfragen der
Quantentheorie zu verteidigen. Für Ende Oktober hatte nämlich
der belgische Industrielle Ernest Solvay führende Physiker der
Welt nach Brüssel eingeladen, damit sie in fünftägiger Klausur
ungestörten und intensiven Diskussionen über die grundlegenden
Fragen ihres Fachgebietes nachgehen können.

Das Generalthema dieser schon zum fünften Male stattfindenden
„physikalischen Gipfelkonferenz" lautete zwar „Elektronen und
Photonen", doch drehten sich die Debatten vornehmlich um die
unterschiedlichen Auffassungen im Verständnis der Quantener-
scheinungen. Schrödingers Teilnahme, mehr noch aber die Einladung zur Übernahme eines Plenarvortrages waren deutlicher Ausdruck seines hohen Ansehens und zeigten ein weiteres Mal, daß er
nun unzweifelhaft der Elite seines Faches angehörte.

In kleinem Kreis wurden die anstehenden Probleme von früh bis
spät in die Nacht kompromißlos diskutiert, wobei sich die Diskussionen sehr bald zu einem Duell zwischen Albert Einstein und
Niels Bohr zuspitzten und den anderen Koryphäen eigentlich
nur die Rolle der Sekundanten blieb. Es war ein Kampf der Gi-
ganten, über den Paul Ehrenfest berichtete [89, S. 96]:

Herrlich war es für mich, den Zwiegesprächen zwischen Bohr und Einstein beizuwohnen. Schachspielartig. Einstein immer neue Beispiele. Gewissermaßen Perpetuum mobile zweiter Art, um die Ungenauigkeitsrelation zu durchbrechen. Bohr stets aus einer Wolke von philosophischem Rauchgewölke die Werkzeuge heraussuchend, um Beispiel nach Beispiel zu zerbrechen. Einstein wie die Teuferln in der Box: Jeden Morgen wieder frisch herausspringend. Oh das war köstlich ...

Auch wenn Niels Bohr Gedankenexperiment für Gedankenexperiment widerlegen konnte, Albert Einsteins grundsätzliche Vorbehalte waren damit nicht abgebaut. Er, Erwin Schrödinger und die anderen prinzipiellen Gegner der Kopenhagener Fassung der Quantentheorie beharrten hartnäckig auf ihrem Standpunkt, dies, obwohl die Mehrzahl der Physiker ihre Bedenken nicht teilte (und teilt) und die Kopenhagener Deutung gestärkt aus den Brüsseler Debatten hervorging. Fortan prägte sie fast uneingeschränkt das Bild der modernen Physik. Sie wurde eines ihrer Paradigmen.

Im Jahr nach seiner Berufung nach Berlin ist Erwin Schrödinger auch in die Berliner Akademie der Wissenschaften gewählt worden; zuvor hatten ihn schon die Akademie der Wissenschaften der UdSSR sowie die seines Heimatlandes in ihre Mitgliederlisten aufgenommen. Die Akademiemitgliedschaft stellte angesichts der wissenschaftlichen Verdienste Schrödingers und der Tatsache, daß auch alle seine Vorgänger im Amt – von Gustav Kirchhoff bis zu Max von Laue – der Berliner Akademie als ordentliche Mitglieder angehörten, fast schon eine Selbstverständlichkeit dar. Allerdings zeugte die nicht allzu häufig vorkommende Einstimmigkeit bei der Wahl in der Klasse (29. 11. 1928) als auch im Plenum (17. 1. 1929) von der ungeteilten Wertschätzung seiner Berliner Kollegen, der sich mit Sicherheit nicht alle Akademiemitglieder in gleicher Weise erfreuen durften. In dem von Max Planck entworfenen und durch Max von Laue, Walther Nernst, Emil Warburg und Friedrich Paschen mitunterzeichneten Wahlantrag wurde insbesondere darauf verwiesen, daß sich Erwin Schrödinger

schon von Anbeginn seiner Tätigkeit ... durch die Schärfe und Unabhängigkeit seines Urteils und durch die Vielseitigkeit seiner Interessen [bekannt machte und] unter den theoretischen Physikern der jüngeren Generation eine ausgezeichnete Stellung ein[nimmt] vermöge der führenden Rolle, welche er seit seinen bahnbrechenden Arbeiten auf dem Gebiete der Wellenmechanik übernommen hat. [92, S. 259]

Ausdruck hoher Wertschätzung und großen Vertrauens war auch die Tatsache, daß man Erwin Schrödinger anläßlich des 50jährigen Doktorjubiläums von Max Planck (1929) mit der Aufgabe betraute, die Grußadresse der Berliner Akademie zu entwerfen [23]. Dies war insofern keine Routinearbeit oder gar Pflichtaufgabe des Neulings, als es sich bei Max Planck nicht nur um einen bedeutenden Fachkollegen, sondern zugleich um einen der wichtigsten Repräsentanten der Berliner Akademie, ja des deutschen wissenschaftlichen Lebens schlechthin, handelte. Erwin Schrödinger hat sich dieser Aufgabe – wie auch allen anderen akademischen Verpflichtungen – mit großem Verantwortungsbewußtsein gestellt. In den fünf Jahren seiner ordentlichen Mitgliedschaft nahm er siebenmal zu Vorträgen in der Klasse oder im Plenum das Wort und hat darüber hinaus sechsmal eigene Arbeiten seinen Kollegen der Akademie zur Kenntnisnahme vorgelegt – ein Pensum, das nicht nur vor dem Hintergrund heutiger Gepflogenheiten Respekt einflößt. Themen seiner Vorträge vor der mathematisch-naturwissenschaftlichen Klasse waren u. a. „Verwaschene Eigenwertspektra", „Die statistische Interpretation der Wellenmechanik", „Über die Frage, wie weit auch in der exakten Naturwissenschaft der Geist einer Kulturepoche zum Ausdruck kommt". Seine Vorträge und die vorgelegten Arbeiten zeigen, welch zentralen Stellenwert die Beschäftigung mit physikalisch-erkenntnistheoretischen Problemen der Quantentheorie in jener Schaffensperiode einnahm.

Eine weitere Seite in Erwin Schrödingers Wirken als Mitglied der Berliner Akademie war seine Beteiligung an den sogenannten akademischen Vorträgen. Dies war eine öffentliche Vortragsreihe mehr oder weniger populären Zuschnitts, die die Akademie „mit weiten Kreisen der Gebildeten in Berührung bringen sollte" und die seit Anfang der zwanziger Jahre durchgeführt wurde. Erwin Schrödinger trug in diesem Rahmen am 8. Februar 1933 zum Thema „Warum sind die Atome so klein?" vor. Wie aus den Abrechnungsunterlagen hervorgeht, waren etwa 350 Zuhörer anwesend, was wohl auch heute noch als ein Erfolg für den Vortragenden zu werten wäre. Allerdings ist in dieser Akademiestatistik nicht jener Hörer erfaßt, der in einem Brief die Rückerstattung des Eintrittgeldes und Ersatz für seine verlorene Zeit gefordert hat, weil Professor Schrödinger nicht gesagt hatte, warum die Atome denn wirklich so klein sind.

Da die Berliner Akademie zu Zeiten von Schrödingers Mitgliedschaft eine „reine" Gelehrtengesellschaft war, d. h. über keinerlei Forschungslabors o. ä. verfügte, konzentrierten sich die beruflichen Hauptaktivitäten von Erwin Schrödinger selbstverständlich auf die Berliner Universität. Von ihr wurde er bezahlt, und als deren Professor hatte er wissenschaftliche Forschungs- und Ausbildungsleistungen zu erbringen. Darüber hinaus wurde er in seiner Eigenschaft als Universitätsprofessor und Akademiemitglied in die Kuratorien der verschiedensten Wissenschaftseinrichtungen der Reichshauptstadt gewählt. Als Kurator des Potsdamer Astrophysikalischen Observatoriums sowie des Kaiser-Wilhelm-Instituts für Physik war Erwin Schrödinger auch wissenschaftspolitisch wirksam und half wichtige wissenschaftsorganisatorische Aufgaben zu erfüllen. Allerdings sollten seine Aktivitäten in diesen Gremien nicht überschätzt werden, denn sein Name tauchte in den Sitzungsprotokollen äußerst selten auf. Hier – wie in seinem Leben überhaupt – war Erwin Schrödinger ein echter „Einspänner", der sich nur dann zu Wort meldete, wenn Ergänzungen nötig waren. Ähnliches trifft für sein Wirken als Hochschullehrer zu. So hat er weder in Berlin noch anderswo eine wissenschaftliche Schule begründet. Beispielsweise läßt sich im Dissertationsverzeichnis der Berliner Universität keine Arbeit nachweisen, die Erwin Schrödinger als deren Doktorvater und damit Erstgutachter direkt betreut hätte. Victor F. Weiskopf, der im Wintersemester 1931/32 Assistent Schrödingers war, schreibt dazu:

Ich hatte sehr wenig wissenschaftlichen Kontakt mit Schrödinger. Er war immer ein Alleingänger und diskutierte weder seine eigenen Interessen noch die der Assistenten ... Wir sprachen wissenschaftlich nur über seine Vorlesung und die Übungen, die ich verwalten und korrigieren musste ... Sicherlich spielte Schrödinger eher eine Aussenseiter-Rolle an der Universität. Er kam allerdings regelmässig zum Seminar und zum Kolloquium und beteiligte sich lebhaft an den Diskussionen. [81]

Die Lehrtätigkeit Erwin Schrödingers in Berlin umfaßte in der Woche etwa 4–5 Vorlesungs- bzw. Übungsstunden und umspannte im Verlauf seines 6jährigen Wirkens fast die gesamte Physik. So finden sich im Vorlesungsverzeichnis der Universität Vorlesungen zur „Mechanik deformierbarer Körper", über „Statistische Theorie der Materie und Strahlung", „Elektronentheorie", „Quantentheorie", „Feldphysik", „Korpuskularphysik" u. ä. m. ausgedruckt. Hinzu kamen dazugehörige Übungen sowie das bekannte Physikalische Kolloquium, für das er – neben Max von Laue – mitverantwortlich zeichnete.

Auch für das Wintersemester 1933/34 hatte Erwin Schrödinger noch Vorlesungen und Übungen angekündigt, doch war dies nur ein Vorsatz, der nicht mehr eingelöst werden konnte. Die Machtergreifung Hitlers und die sich daran anknüpfenden politischen Ereignisse hatten Erwin Schrödinger sehr schnell klar werden lassen, daß es unter diesem Regime für ihn als einen zutiefst humanistisch denkenden und fühlenden Menschen keinen Platz mehr geben würde. Obwohl weder politisch noch rassisch verfolgt, entschloß er sich im Sommer 1933 zur Emigration. Dieser Entschluß wird dem nunmehr 46jährigen mit Sicherheit nicht leicht gefallen sein, ist es doch – wie Max Born schrieb [43, S. 692], „keine Kleinigkeit, im mittleren Alter entwurzelt zu werden und in der Fremde zu leben".

Dennoch hat Erwin Schrödinger der Jahre in Berlin stets mit besonders großer Sympathie gedacht. In einem Brief vom 28. März 1948 an den Präsidenten der damaligen Deutschen Akademie der Wissenschaften, der er bis zu seinem Tod als ordentliches Mitglied angehörte, betont Erwin Schrödinger, daß er Berlin während seines dortigen Wirkens schätzen und lieben gelernt habe und es

gern als meine zweite und dauernde Heimat ansehen wollte und nicht zuletzt um der Gewissensfreiheit und der vollen Freiheit der Meinungsäußerung willen, die ich dort antraf und die leider heute aus immer größeren Teilen der Welt zu verschwinden droht. [80]

Im Exil

Das Jahr 1933 war nicht nur für die allgemeine politische Entwicklung Deutschlands ein tiefgreifender Einschnitt, auch für die Geschichte der Wissenschaft stellt es eine gravierende Zäsur dar. Vor dem Hintergrund politischer und rassischer Verfolgung kam es bereits in den ersten Wochen der Hitlerdiktatur zu einem beispiellosen Exodus hervorragender Gelehrter. Tausende, die „nicht geeignet" oder „nicht arisch" waren oder auch sonst „nicht die Gewähr für rückhaltloses Eintreten für den nationalsozialistischen Staat" boten, wurden aus ihren Ämtern entlassen, und Deutschland verlor binnen kurzem seine internationale Spitzenstellung in den Wissenschaften. Besonders betroffen waren davon die Naturwissenschaften, die allein bis 1935 fast jeden fünften Wissenschaftler verloren. Bedeutende Wissenschaftszentren wie Göttingen oder Berlin wurden im Zuge dieser Maßnahmen förmlich zerschlagen.

All dies, vor allem jedoch die Zerstörung Berlins als physikalische Hochburg, wird Erwin Schrödinger vor Augen gehabt haben, als in ihm der Entschluß reifte, Deutschland zu verlassen. Dieser Schritt war unzweifelhaft Ausdruck des Protestes gegenüber der Nazibarbarei und stellte als solcher auch eine eminent politische Handlung dar, wurde er doch von einem eigentlich „unpolitischen" Menschen vollzogen. Erwin Schrödingers Wirken hat nämlich nur selten den engen Bereich seiner Wissenschaft überschritten, und der Gedanke an eine aktive Teilnahme am politischen Tagesgeschehen lag ihm ebenso fern. Um Politik

hat er [sich] in der Tat nicht gern [gekümmert], auch später, als die eigene Wissenschaft in tragischer Weise in die große Politik verwickelt wurde, nur in seltenen Fällen,

urteilte Max Born rückblickend [43, S. 692]

Die faschistische Ideologie und das darauf aufbauende Herrschaftssystem verletzte jedoch seine persönlichen Grundwerte in einer so grundsätzlichen Art und Weise, daß er einfach nicht politisch neutral bleiben konnte und wollte. Schrödingers Emigration ist deshalb weniger Ausdruck eines politischen Engagements als vielmehr Reaktion auf einen inneren Konflikt, auf ein „politisch nicht in Ruhe gelassen werden". Auf die Ursachen für seinen Weggang aus Berlin angesprochen, lautete eine Standardantwort Schrödingers: „Ich konnte es nicht ertragen, mit Politik behelligt zu werden." [82, S. 363]

In dieses Bild der eigentlich unpolitischen Persönlichkeit paßt auch, daß es von Erwin Schrödinger sowohl hinsichtlich des Akademieaustritts Albert Einsteins als auch gegenüber den skandalösen Entlassungen seiner Fachkollegen keine öffentliche Stellungnahme gegeben hat. Männer wie Max von Laue haben in dieser Beziehung eine eindeutige Haltung gezeigt und damit zu dokumentieren versucht, daß man auch in der Wissenschaft gewillt war, dem Faschismus nicht alle Positionen kampflos zu überlassen. Auch die Umstände seiner Emigration – als „Studienurlaub" getarnt – waren grundsätzlich anders als etwa bei James Franck, dessen demonstrativer Rücktritt und insbesondere seine Abreise aus Göttingen sich zu einer antifaschistischen Manifestation gestaltete.

Erwin Schrödinger hat nie ein Hehl aus seiner persönlichen Ablehnung des Naziregimes gemacht und dabei – wie Joffe berichtet [91, S. 53] – „eine äußerst antifaschistische Überzeugung zum Ausdruck" gebracht, doch den Weg zu kämpferischen oder gar organisierten Formen fand sie nicht. Dies kennzeichnet Größe und Grenzen von Erwin Schrödingers politischen Positionen, die über den durch eine bürgerlich-humanistische Grundhaltung geprägten Rahmen des abstrakten Humanismus nicht hinausgeführt haben. Eine solche Einschätzung schmälert natürlich in keiner Weise den persönlichen Mut und die Charakterstärke, die hinter jener Entscheidung standen, Berlin und die gesicherte akademische Stellung zu einem Zeitpunkt zu verlassen, wo „die Arbeitskraft eines Wissenschaftlers sich zu intensivster und normaler Weise ungestörter Tätigkeit zu entfalten pflegt". [78]

Die Weichen für Schrödingers Weg ins Exil waren bereits unmittelbar nach Hitlers Machtantritt gestellt worden. Zu jener Zeit bereiste der englische Physiker Lindemann, der später als Lord Cherwell und Vater des anglo-amerikanischen Bombenkrieges in die Weltgeschichte eingegangen ist, Deutschland, um aus ihren Ämtern vertriebene Gelehrte für England und insbesondere für

60

seine Oxforder Heimatuniversität zu gewinnen. Lindemann, ein Schüler von Nernst, besuchte in diesem Zusammenhang auch Schrödinger, und als dieser im Gespräch die Bereitschaft andeutete, Berlin unter den gegebenen politischen Verhältnissen verlassen zu wollen, wurde ihm von Lindemann ein „Living" in Oxford angeboten. Nachdem die grundsätzliche Entscheidung getroffen war, konnte Schrödinger in aller Ruhe seinen Weggang von Berlin vorbereiten. Nach Beendigung des Sommersemesters reiste er zunächst in die Sommerfrische nach Südtirol, kehrte jedoch von dort nicht mehr nach Berlin zurück. Dem zuständigen Minister hatte Schrödinger zuvor noch auf brieflichem Wege um die Gewährung eines Studienurlaubes ersucht; der Brief blieb ohne Antwort, doch ab 1. September wurde kein Gehalt mehr gezahlt.

Was sich angesichts der aktuellen politischen Umstände hinter einem solchen „Studienurlaub" verbarg, war in Deutschland wohl jedem klar. In der Berliner „Deutschen Zeitung" konnte man dann unter der Überschrift „Verlust der deutschen Wissenschaft" am 24. Oktober 1933 lesen:

Der deutschen Gelehrtenwelt droht ein schwerer Verlust: Prof. Erwin Schrödinger ... hat eine Berufung an die Universität Oxford erhalten ... da der Ruf an die englische Universität ... offenbar nicht ohne sein Einverständnis erfolgt ist, muß damit gerechnet werden, daß der bedeutende Gelehrte... Deutschland verläßt.

Im Oktober traf Schrödinger mit seiner Frau in Oxford ein, und unmittelbar nach ihrer Ankunft erreichte Erwin Schrödinger die Nachricht, daß ihm gemeinsam mit Paul Adrien Maurice Dirac der Nobelpreis für Physik des Jahres 1933 zugesprochen worden war. In der Begründung des Stockholmer Nobelkomitees heißt es:

... in Anerkennung der Entdeckung und Anwendung neuer fruchtbarer Formulierungen der Atomtheorie ... [27, S. 41]

Erwin Schrödinger befand sich damit auf dem Gipfel des Weltruhms, galt der Nobelpreis doch schon damals als die höchste wissenschaftliche Auszeichnung, die ein Naturwissenschaftler erhalten konnte. Angesichts der bedrückenden Umstände, unter denen sich sein Weggang aus Berlin vollzogen hatte, wird er die hohe Auszeichnung als ganz besondere Genugtuung empfunden haben. Anfang Dezember reiste Erwin Schrödinger in die schwedische Hauptstadt, über die er schreibt [27, S. 79]:

9 Ankunft der Physik-Nobelpreisträger in Stockholm. V. l. n. r.: Frau Heisenberg (die Mutter von Werner Heisenberg), Frau Dirac, Frau Schrödinger, P. A. M. Dirac, Werner Heisenberg und Erwin Schrödinger.

... diese wundervolle Stadt mit ihren weiten Wasserflächen, den herrlichen Bauten, dem stolzen Schloss, den Türmen und Felsen, den fröhlichen, liebenswürdigen Menschen, die einen so freundlich aufnehmen; diese Stadt, die so neu so ganz anders ist als irgend etwas anderes auf der Welt, so dass sie einen sofort in ihrem Bann hat.

Am 10. Dezember 1933 erhielt er aus der Hand des schwedischen Königs Nobelpreis und -urkunde. Daß Erwin Schrödinger bei allem Offiziellen auch immer seine persönlichen Gedanken und Gefühle einfließen ließ, machen sehr schön die aus diesem Anlaß gehaltenen Reden deutlich, so führte er in seiner Tischrede beim Empfang des schwedischen Königs aus:

„... vor dem Glanz dieser Tage können [die Laureaten] nur still und bescheiden den Blick senken und sich sagen, dass sie hier nicht eigentlich als Einzelpersonen stehen, sondern als Repräsentanten eines grossen, die Welt erfüllenden Strebens nach Wahrheit, dem hier Ehre erwiesen wird.
... ich hoffe recht bald einmal – und nicht nur einmal, sondern oft – hierher zurückzukehren. Es wird wohl nicht zu Festen sein in flaggengeschmückten Hallen und Sälen und nicht mit so viel Gesellschaftskleidern im Koffer, sondern mit zwei langen Brettern auf der Schulter und einem Rucksack auf dem Rücken. Und dann hoffe ich, dieses Land, das mir so viel Liebe und Güte erwiesen hat, erst ganz kennen zu lernen und – wenn das überhaupt möglich ist – noch inniger lieben zu lernen als heute. [27, S. 80]

Unter den Preisträgern befand sich auch Werner Heisenberg, dem man rückwirkend den Preis des Jahres 1932 zuerkannt hatte, und so wird sich am Rande der Feierlichkeiten sicherlich ein Gespräch über die Zustände in Deutschland und an den dortigen Universitäten ergeben haben. Heisenberg hatte sich entschlossen, in Deutschland zu bleiben, doch was er von dort berichtet haben wird, war sicherlich noch besorgniserregender als das, was Schrödinger im Frühjahr noch selbst erleben mußte. Willkür und Verfolgung hatten noch drastischere Formen angenommen, so daß sich immer mehr Menschen gezwungen sahen, ins Ausland zu fliehen. Dies alles wird Erwin Schrödingers Weg ins Exil zwar nicht leichter gemacht haben, doch hat es sicherlich seinen Entschluß bekräftigt, wenngleich er in Stockholm noch feststellte: „Ob sie [die Berliner Zeiten] endgültig vorbei sind, weiss ich im Augenblick noch nicht." [27, S. 87]

Erwin Schrödinger blieb drei Jahre in Oxford, wo er dem traditionsreichen Magdalen-College als Fellow angehörte, ohne daß ihm damit irgendwelche Lehrverpflichtungen auferlegt waren. Trotz der ausgezeichneten Arbeitsbedingungen und eines aufgeschlossenen Kollegenkreises (Franz Simon, Niklaus Kürti u. a.) ist er nie ein richtiger „Oxford-Graduierter" geworden. Eine Ursache hierfür war wohl, daß er der besonderen Atmosphäre eines englischen College nie die rechte Sympathie hat entgegenbringen können. Max Born, der zur damaligen Zeit im benachbarten Cambridge wirkte und mit dem er in näheren persönlichen Kontakt gekommen war, berichtet darüber:

Er wurde in Oxford hoch geehrt, konnte sich aber mit dem rein maskulinen College-Leben nie befreunden. Zur Geselligkeit gehörte für ihn das weibliche Element, und das gab es nicht an der High Table. Auch hat er mir mehr als einmal halb scherzend gesagt, daß er es unheimlich fände, wenn ein Tischnachbar, dem er seine Meinung mit Schrödingerschem Freimut gesagt habe, sich nachher als hohes Tier, vielleicht als früherer Prime Minister, herausstelle. [43, S. 692]

Die Sehnsucht nach der Heimat erhielt so in Oxford noch zusätzliche Nahrung, so daß er sich von seinem alten Freund und Fachkollegen Hans Thirring dazu überreden ließ, zum Herbstsemester 1936 einen Ruf der Universität Graz anzunehmen. Daß dieser Entschluß in politischer Naivität und in völliger Unkenntnis der politischen Lage gefaßt wurde, macht die Tatsache deutlich, daß er einen gleichzeitig an ihn ergangenen Ruf nach Edinburgh ablehnte. Unmittelbar vor der Rückkehr in seine alte Heimat hatte er noch in der „Times" vom 25. März 1936 – gemeinsam mit Einstein und Tchernavin – eine Erklärung veröffentlicht, in der dem sogenannten „Academic Assistance Council" und seinem Präsidenten Ernest Rutherford für die vielfältigen Unterstützungen gedankt wurde, die diese Organisation in den zurückliegenden

Jahren insbesondere emigrierten Wissenschaftlern aus Deutschland hatte angedeihen lassen. Zugleich brachten die unterzeichnenden Gelehrten ihre Überzeugung zum Ausdruck, daß

die Fortführung unserer wissenschaftlichen Arbeit – in nicht geringem Maße unterstützt durch seine [des Komitees] Aktivitäten – ein Ausdruck unserer Dankbarkeit sein wird.

Wenige Wochen nach dieser Erklärung war Erwin Schrödinger schon nicht mehr in England. Zum 1. Oktober 1936 trat er in Graz sein Amt als ordentlicher Professor der theoretischen Physik an, wobei ihm zugleich – „unbeschadet seiner dortigen lehramtlichen Tätigkeit" – das Recht eingeräumt wurde, als Honorarprofessor Vorlesungen an der Universität Wien zu halten. Allerdings währte sein Wirken nicht einmal zwei Jahre, und dies dokumentiert wohl am besten, wie berechtigt die politischen Bedenken für seine Rückkehr in die Heimat waren. Durch den gewaltsamen Anschluß Österreichs an Hitlerdeutschland im März 1938 wurde nun auch an der angesehenen steiermärkischen Universität das vollzogen, was Erwin Schrödinger bereits im Frühjahr 1933 in Berlin erlebt hatte. Bewährte Hochschullehrer entfernte man aus ihren Ämtern, und diesmal traf auch ihn die „Verordnung zur Neuordnung des österreichischen Berufsbeamtentums": zum 31. März 1938 wurde Schrödinger frist- und pensionslos wegen politischer Unzuverlässigkeit aus seinem Grazer Ordinariat entlassen. Man hatte ihm in Berlin seinen „Studienurlaub" nicht verziehen und auch nicht, daß er den wiederholten Aufforderungen, in seine alte Stellung zurückzukehren, stets ausgewichen war. Nach dieser Entscheidung des österreichischen Reichsstatthalters hatte die Berliner Universität selbstverständlich nichts Eiligeres zu tun, als Schrödinger durch Erlaß von seinem nach wie vor formal innegehabten Amt eines emeritierten Professors der Berliner Universität zu entbinden und seinen Namen aus allen Verzeichnissen der Universität zu streichen. [79]

Als aller Protest gegen die Entlassung nichts half und man sogar befürchten mußte, daß eine Ausreise ins Ausland bald nicht mehr möglich sein würde, begriff auch der politisch zuweilen etwas weltfremde Schrödinger den Ernst der Situation und verließ „fluchtartig ... nur mit einem Handkoffer, all meine damalige Habe zurücklassend" [78], Graz. In Rom wurde zunächst Zwischenstation gemacht und der Kontakt zu Freunden aufgenommen.

Glücklicherweise hatte er zum damaligen Zeitpunkt bereits einige
Fäden ins Ausland gesponnen; insbesondere zum irischen Minister-
präsidenten Eamon de Valera, der sich mit dem Gedanken trug,
in Dublin ein Forschungsinstitut im Stil des Princetoner „Institute
for Advanced Study" zu gründen und dafür Erwin Schrödinger
gewinnen wollte. Eamon de Valera ist eine der herausragenden
Persönlichkeiten der jüngeren irischen Geschichte. In den ersten
Jahrzehnten unseres Jahrhunderts gehörte er zu den führenden und
kompromißlosesten Vertretern der irischen Unabhängigkeitsbewe-
gung, und später prägte er über Jahrzehnte hinweg als Ministerpräsident sowie als Staatsoberhaupt (ab 1959) die Politik der In-
selrepublik.
Eamon de Valera bekleidete zum Zeitpunkt der Flucht Erwin
Schrödingers gerade das Amt des Völkerbundpräsidenten. Durch
ihn mit Reisevisa aller europäischen Länder ausgestattet, konnten
Erwin und Annemarie Schrödinger relativ problemlos in die
Schweiz weiterreisen. Aber auch hier wollte Schrödinger nur kurze
Zeit bleiben, da die durch die Sudetenkrise offenbar gewordene
Kriegsgefahr in Europa eine Weiterreise nach England dringend
geboten erscheinen ließ – ein drittes Mal wollte er sich nicht von
Hitlers Terror einholen lassen. Im Herbst 1938 traf Schrödinger
nach zweijähriger Abwesenheit wieder in Oxford ein.
Mit großer Energie wurde inzwischen von de Valera die Gründung des Instituts betrieben, doch war ein solch bedeutsamer Vor-
gang natürlich nicht in Tagen oder Wochen abzuschließen. Um
die Zeit bis zur Eröffnung des Instituts zu überbrücken, nahm
Erwin Schrödinger dankbar die Einladung der Francqui Founda-
tion Gent für eine Gastprofessur an. Im Winter 1938/39 schiffte er
sich also wieder ein, verließ die britischen Inseln und nahm vorübergehend Wohnsitz in Belgien. Doch auch dieser Aufenthalt
stand unter keinem guten Stern, denn im September 1939 wurde
Schrödinger in Gent vom Ausbruch des zweiten Weltkrieges über-
rascht. Als Emigrant drohte ihm nun Ausweisung, Internierung
oder andere Repressalien. Durch die persönliche Intervention de
Valeras konnte auch diesmal das Schlimmste abgewendet werden:
Schrödinger erhielt vom irischen High Commissioner in Großbri-
tannien einen Schutzbrief ausgestellt, mit dem er auch als „feind-
licher Ausländer" – durch den Anschluß Österreichs war er ja
deutscher Staatsbürger geworden – England ungehindert passie-

ren konnte. Am 7. Oktober 1939 kamen Erwin Schrödinger und seine Frau in der irischen Hauptstadt Dublin an. Eine mehrjährige Odyssee war damit schließlich zum glücklichen Ende geführt, denn die nächsten 17 Jahre – übrigens die längste Periode in seinem akademischen Leben – blieb Erwin Schrödinger in Irland. Hier konnte er sich in den folgenden Jahren einen solchen Wirkungskreis aufbauen, der ihm endlich wieder ein von äußeren Einflüssen ungestörtes Arbeiten ermöglichte.

Gerade in dieser Hinsicht hatten sich die politischen Wirren der vergangenen Zeit besonders gravierend auf das Leben Erwin Schrödingers ausgewirkt, denn im Vergleich zu seinen vorangegangenen wissenschaftlichen Aktivitäten waren die Jahre seit 1933 nicht durch eine herausragende wissenschaftliche Produktivität gekennzeichnet – ein Fakt, der angesichts der Lebensumstände Schrödingers und der damaligen politischen Situation mehr als verständlich erscheint. Zwar hatte Erwin Schrödinger auch weiterhin an der Ausgestaltung der Quantentheorie regen Anteil genommen und begonnen, sich mit dem Zusammenhang von Quantentheorie und Relativitätstheorie (im Sinne des Einsteinschen Konzepts einer einheitlichen Feldtheorie) zu beschäftigen, doch sind diese Arbeiten in jenen wechselhaften Jahren nicht über Ansätze hinausgekommen. Ähnliches gilt für Studien über eine fünfdimensionale Darstellung der Relativitätstheorie sowie für seine Untersuchungen zur Supraleitfähigkeit und zur Kosmologie. An die großen Leistungen seiner Züricher und Berliner Schaffensperiode reichen sie nicht mehr heran, und insofern hat das Jahr 1933 auch auf Erwin Schrödingers Leben einen weit gravierenderen Einfluß genommen, als dies in dem zunächst fast normal erscheinenden „Studienurlaub" Schrödingers von 1933 zum Ausdruck kam. Hans-Jürgen Treder und Robert Rompe machen den allgemeinen Wirkungszusammenhang auch für diese Tatsache deutlich:

Wir glauben, daß die Erfolge der modernen Physik zu verdanken waren einer Atmosphäre wissenschaftlicher Kreativität, gestützt auf Kooperation in verschiedenster Form, ... Mit dem Machtantritt Hitlers 1933 in Deutschland brach das alles in kurzer Zeit zusammen: Tausende Bande wissenschaftlicher Kooperation, in Jahrzehnten gewachsen, rissen ab, und dort, wo das nicht direkt eintrat, wirkte der Schock dieses Ereignisses ... Es ging eine Qualität höchster geistiger Leistungsfähigkeit für die Physik verloren. [97, S. 16]

Als „bezahltes Genie" in Dublin

Als Erwin Schrödinger am 7. Oktober 1939 in seiner neuen Wahlheimat eintraf, es war auf den Tag ein viertel Jahr her, daß das irische Parlament einen Gesetzesentwurf beraten hatte, der die alsbaldige Gründung eines „Institute for advanced Studies" anregte. Das Institut sollte aus zwei voneinander unabhängigen Abteilungen für keltische Sprachforschung und für theoretische Physik bestehen. Nicht nur seines Namens wegen, auch was Struktur und Aufgabenbereich anbelangte, war das Institut dem für Albert Einstein zu Beginn der dreißiger Jahre eingerichteten Princetoner Institut nachgestaltet. Vater des Gedankens, auch für Irland ein solches Institut zu schaffen, war der irische Ministerpräsident Eamon de Valera, der sich – vor seiner politischen Karriere war er Mathematikprofessor der Dubliner Universität – auch in seinem hohen Amt das Interesse an der Wissenschaft bewahrt hatte. Valera ging es bei seiner Initiative darum, der Wissenschaft seines Heimatlandes neue Impulse zu vermitteln und damit zugleich an jene Wissenschaftstraditionen anzuknüpfen, die sich in Namen wie George Berkeley, George Fitzgerald, George Stokes und natürlich William Rowan Hamilton ausweisen. In seiner Rede vor dem irischen Parlament führte de Valera in diesem Zusammenhang aus:

In der Mathematik und Physik haben wir bereits in der Welt einen bedeutenden Platz bzw. hatten diesen in der Vergangenheit. Der Name Hamiltons ist jedem mathematischen oder theoretischen Physiker bekannt. Dies ist das Land Hamiltons, ein Land großer Mathematiker. Wir haben jetzt die günstige Gelegenheit, eine Schule für theoretische Physik zu gründen..., die, wie ich hoffe, imstande sein wird, uns jenes Ansehen auf dem Gebiet zurückzubringen, das Dublin und Irland in der Mitte des letzten Jahrhunderts besaß... Sie [die Schule] soll allein dem Fortschritt der Wissenschaft und der Beförderung des Ansehens unseres Landes als ein Zentrum der Gelehrsamkeit dienen und graduierte Wissenschaftler aus dem Ausland anziehen. [76, S. VII]

Der Ausbruch des zweiten Weltkrieges verzögerte die Bestätigung der Gesetzesvorlage fast ein Jahr lang. Im Juni des Jahres 1940 war es dann endlich soweit, und das neugegründete „Institute for Advanced Studies" konnte in zwei eigens dafür hergerichteten Bürgerhäusern am Merrion-Square seine Arbeit aufnehmen. Da die Gründung des Institutes, vor allem die Abteilung bzw. Schule für theoretische Physik, in hohem Maße auf die Persönlichkeit Erwin Schrödingers zugeschnitten war, wurde er auch zu derem ersten Direktor berufen. Schrödinger bekleidete damit eine für einen Wissenschaftler seines Ranges in jeder nur denkbaren Hinsicht ideale Position, bei voller Lehr- und Forschungsfreiheit und unter optimalen äußeren Bedingungen forschen zu können. Scherzhaft wurde seine Stellung deshalb in Fachkreisen als die „Stelle des bezahlten Genies" bezeichnet. Außer Schrödinger gehörten zum Institutspersonal noch ein Senior Professor und ein bis zwei Assistenzprofessoren sowie etwa 10–15 „Scholaren". Letztere waren zumeist junge Physiker, die durch ein- bis zweijährige Zusammenarbeit mit Erwin Schrödinger ihr physikalisches Wissen vervollkommnen wollten. Sie kamen aus allen Teilen der Welt. So gehörten zu ihnen der Chinese H. W. Peng, der Inder S. N. Gupta, der Amerikaner M. J. Klein, der Italiener B. Bertotti, der Engländer F. Pirani, der Tscheche M. Brdička, der Grieche und spätere Professor an der Berliner Humboldt-Universität A. Papapetrou und natürlich einige Landsleute Schrödingers sowie zahlreiche irische Nachwuchswissenschaftler, darunter O. Hittmair, F. Mautner, W. Thirring, J. L. Synge, J. McConnell. Als Professoren haben u. a. Walter Heitler, Lajos Janossy und Cornelius Lanczos in Dublin gewirkt.

Die Aktivitäten des Instituts konzentrierten sich vornehmlich auf die wissenschaftliche Forschungsarbeit, und einmal in der Woche wurde auch ein Seminar abgehalten, in dem aktuelle Fragen diskutiert werden konnten. Darüber hinaus fanden selbstverständlich auch Diskussionen über den Fortgang der eigenen Forschungsarbeiten stets und ständig statt, wobei Rat und Hilfe Erwin Schrödingers besonders gefragt waren. Ein solcher Arbeitsstil ist natürlich in starkem Maße durch die Persönlichkeit Erwin Schrödingers geprägt worden, denn auch er hatte stets mehr vom unmittelbaren persönlichen Kontakt als durch Bücherwissen profitiert; „aus Büchern habe ich immer nur schwer lernen können", bekannte er ja anläßlich der Nobelpreisfeierlichkeiten. [27, S. 87] Gelegentlich wurden auch Vorlesungskurse für interessierte Professoren und Studenten organisiert, denn neben dem „Institute for Advanced Studies" existierten in Dublin noch zwei Universitäten und die Königlich Irische Akademie. Schrödinger setzte damit eine Tradition fort, die schon zu Anfang seines Irlandaufenthaltes begründet worden war. Bereits in jenen Monaten, als der Beschluß des irischen Parlamentes über die Errichtung des Institutes noch in der Schwebe lag, hatte Erwin Schrödinger an diesen Einrichtungen Vorlesungen zur Quantentheorie und anderen physikalischen Themen gehalten.

[Mit] einer unvergleichlichen Tafelkunst und einem brillanten Vortragsstil entzückte, erleuchtete und inspirierte Prof. Schrödinger seine Hörer während seines ... Dubliner Aufenthalts. [76, S. IX]

Nicht nur in Dublin, sondern in der ganzen Welt berühmt waren die sogenannten Sommerschulen des Instituts. Diese etwa eine Woche dauernden Symposien fanden jeden Sommer statt und vereinten Wissenschaftler aus England und anderen europäischen Ländern zu einem zwanglosen Meinungsaustausch über die neuesten Fragen der Physik. Im Mittelpunkt dieser „anregenden und amüsanten Zusammenkünfte", die sogar während des Krieges stattfanden, stand meist ein spezielles Forschungsgebiet. Eingeladen wurden ausgewiesene Gelehrte des betreffenden Gebiets, die dann mit einführenden Übersichtsvorträgen die Diskussion eröffneten. Häufige Teilnehmer der „sehr fruchtbaren" Veranstaltungen waren Max Born und Paul Adrien Maurice Dirac; andere prominente Gäste des Instituts waren z. B. Wolfgang Pauli, Arthur Stanley Eddington, Rudolf Peierls, Cecil Frank Powell und Leopold Infeld. Letzterer weiß übrigens davon zu berichten [90, S. 147], daß es sich der irische Premier nur selten nehmen ließ, bei solchen Veranstaltungen zu hospitieren. Sicherlich ein fast einmaliges Phänomen bei Politikern unseres Jahrhunderts.

Damit war binnen weniger Jahre Dublin aus der unbeachteten wissenschaftlichen Provinz zu einem anerkannten und vielbesuchten Zentrum physikalischen Meinungsstreites aufgestiegen. Daß solche Attraktivität aber nicht allein durch Weiterbildungskurse, Symposien und ähnliche Veranstaltungen getragen wird, sondern auch einer soliden wissenschaftlichen Forschung bedarf, erscheint selbstverständlich. Überblickt man in dieser Beziehung die Publikationsliste Erwin Schrödingers, der als spiritus rector einen nicht hoch genug einzuschätzenden Anteil an dieser Entwicklung hatte,

10 Dubliner Sommerschule 1945. Sitzend v. l. n. r.: Janossy, Born, de Brún, Dirac, de Valera, Conway, Schrödinger, McConnell, Heitler.

so läßt sich tatsächlich feststellen, daß Schrödinger in Dublin gewissermaßen einen zweiten „wissenschaftlichen Frühling" erleben durfte. Bedeutsame Leistungen wurden in dieser Schaffensperiode erbracht, die ihm sicherlich auch ohne seine epochale Wellenmechanik einen unbestrittenen, wenngleich nicht so glänzenden Platz in der Physikgeschichte gesichert hätten. Insbesondere zwei Gebiete waren es, in die er mit seinen Forschungen gestaltend eingegriffen hat: zum einen handelt es sich dabei um die Gravitationstheorie und zum anderen um das Grenzgebiet von Physik und Biologie.

Während die übergroße Mehrheit der Physiker sich in die Quantenphysik und die damit verbundenen Fragen ihrer Anwendung verbissen hatte, folgte Erwin Schrödinger den sehr viel weniger ausgetretenen Pfaden der physikalischen Erkenntnis auf dem Gebiet der Gravitationsphysik. Einmal mehr machte er sich hier Auffassungen Albert Einsteins zu eigen, der ja auch die zweite Hälfte seines Lebens ganz in den Dienst dieses komplizierten Fragenkomplexes gestellt hat. Indes war die Problematik für Erwin Schrödinger nicht neu, denn schon zu Beginn seiner akademischen Lehrtätigkeit hatte er sich unter dem Eindruck der Einsteinschen Allgemeinen Relativitätstheorie damit beschäftigt und zwei kleinere Arbeiten [6; 7] veröffentlicht. Im Schaffen des jungen Schrödinger stehen diese Arbeiten jedoch isoliert da – erst seit seiner Berliner Zeit, wohl nicht zuletzt durch den persönlichen Kontakt zu Albert Einstein, rückten entsprechende Forschungen wieder stärker ins Blickfeld seiner Interessen. Die im Jahre 1932 in den Sitzungsberichten der Berliner Akademie publizierte Arbeit „Diracsches Elektron im Schwerefeld" [25] kann dabei schon als programmatisch für sein künftiges Untersuchungsprogramm auf diesem Gebiet angesehen werden, versuchte sie doch das Verhalten von Materiefelder in einer gekrümmten Raum-Zeit zu beschreiben und damit einer relativistischen Fassung der Quantentheorie – im Unterschied zur zunächst unrelativistischen Wellenmechanik – den Weg zu ebnen.

Um 1940, unter den optimalen Forschungsbedingungen seines Dubliner Instituts, war dann nach den Wirren der vorangegangenen Jahre endlich wieder jene wissenschaftliche Atmosphäre geschaffen, die ein Zuendedenken der schwierigen Gedankenkomplexe erlaubte. Eine äußerst intensive Periode wissenschaftlicher Arbeit auf diesem Gebiet setzte nun ein, in deren Folge mehr als zwanzig Zeitschriftenartikel und zwei Monographien publiziert wurden.

Neben verschiedenen Ansätzen für eine Vereinigung von Relativitäts- und Quantentheorie kann als ein weiteres wichtiges Ergebnis der Untersuchungen Schrödingers angesehen werden, daß sie sich intensiv um ein physikalisches Verständnis des mathematischen Formalismus der Allgemeinen Relativitätstheorie bemühten. Erwin Schrödinger war in dieser Beziehung einer der großen Pioniere der Allgemeinen Relativitätstheorie, denn die Untersuchungen trugen zu jener Zeit zumeist einen sehr formal-mathematischen Charakter. Im Gegensatz zu vielen zeitgenössischen Arbeiten wollte Schrödinger die Physik der gekrümmten Raum-Zeit und nicht nur deren formale geometrische Struktur herausgearbeitet wissen. Selbstverständlich setzte auch Schrödinger bei der Geometrie an, doch erschöpfen sich seine Untersuchungen nicht darin, sondern werden weit darüber hinaus geführt. Eine Sichtweise, die mit der stürmischen Entwicklung von relativistischer Astrophysik und Kosmologie unserer Tage ihre Bestätigung gefunden hat. Sein im Jahre 1956 erschienenes Buch „Expanding Universe" kann in gewisser Weise als eine zusammenfassende Darstellung seiner diesbezüglichen Forschungen betrachtet werden und enthält viele und auch heute noch lesenswerte Überlegungen über die Physik des de Sitter-Kosmos. Im übrigen gilt es an dieser Stelle anzumerken, daß Erwin Schrödinger bereits im Jahre 1939 darauf hingewiesen hat, daß die kosmische Expansion des Universums – d. h. des de Sitter-Kosmos – eine Spontanentstehung von Materie aus dem „Vakuum" zur Folge haben müsse.[29] Diese Hypothese ist gerade in jüngster Zeit in das Zentrum der Forschungen zur Allgemeinen Relativitätsphysik getreten; ihre Kühnheit ist um so höher zu bewerten, als zum damaligen Zeitpunkt erst die allerersten Ansätze der Quantenfeldtheorie vorhanden waren.

Diesen eben kurz umrissenen Forschungen traten im Jahre 1942 Untersuchungen zur einheitlichen Feldtheorie an die Seite. Die Erweiterung der Allgemeinen Relativitätstheorie in Form einer Verschmelzung von Gravitationstheorie und Elektrodynamik hat Erwin Schrödinger viele Jahre geradezu begeistert und ließ ihn zu einem der wenigen Mitstreiter in Albert Einsteins gigantischem Ringen um eine einheitliche Feldtheorie der Physik werden. Zwar erregten diese Arbeiten in der physikalischen Fachwelt beträchtliches Aufsehen, doch waren sie bekanntlich nicht vom Erfolg gekrönt. Die Bemühungen Einsteins und Schrödingers blieben im Dschungel mathematischer Schwierigkeiten stecken und verloren sich vielfach in von der Physik nicht mehr prüfbaren Spekulationen. Von diesem „Kampf" der Physik mit der Mathematik legen die damaligen Publikationen noch eindrucksvoll Zeugnis ab, wenngleich sie heute fast nur noch unser historisches Interesse beanspruchen. J. L. Sygne, in jener Zeit Kollege Erwin Schrödingers, berichtet in diesem Zusammenhang:

Obwohl er [Schrödinger] sehr klar über seine einheitliche Feldtheorie vortrug, fühlte ich mich nicht von diesem Gegenstand angezogen. Wahrscheinlich weil die Theorie – soviel ich verstehen konnte – so formal und ohne geometrischen Inhalt war. Und er sprach sehr freimütig über die Defekte der Theorie und gab es nach einer Weile auf. Er war ein Mann, der alles meistern wollte, und ich vermute, daß er durch den Wettbewerb mit Einstein stimuliert wurde, dessen Feldtheorie (ich meine die einheitliche Feldtheorie) auch nicht zu irgend etwas geführt zu haben schien, außer vielleicht zu ebenso interessanten wie komplizierten Formeln. [75, S. 15]

Waren Erwin Schrödingers Arbeiten im Umkreis von Gravitation und einheitlicher Feldtheorie nur einem sehr begrenzten Kreis von Spezialisten zugänglich, so konnte der andere große Problemkomplex in seinem damaligen Schaffen, das Verhältnis von Physik und Biologie, auf ein sehr viel weitergehendes Interesse rechnen. Seine diesbezüglichen Überlegungen hat Erwin Schrödinger in dem kleinen Büchlein „Was ist Leben" niedergelegt, das in den Jahren 1943/44 aus einer Reihe öffentlicher Vorträge entstanden ist. An dem Buch beeindruckt nicht nur die Gedankenfülle, sondern auch, daß Erwin Schrödinger mitten in der Arbeit über die „schwierigsten mathematisch-physikalischen Probleme" noch die Kraft und Konzentration finden konnte, sich zusätzlich einem völlig abseitigen Wissenschaftsgebiet zuzuwenden und hier ebenso tiefgründige Ideen zu entwickeln. Bedarf es da noch weiterer Beweise für die universelle Interessiertheit und die außerordentliche intellektuelle Beweglichkeit der Schrödingerschen Persönlichkeit?!

Erwin Schrödinger hatte mit seinem Buch ein uraltes Problem menschlichen Naturverständnisses aufgegriffen und es mit den Mitteln der modernen Physik zu klären versucht:

Wie lassen sich die Vorgänge in *Raum und Zeit,* welche innerhalb der räumlichen Begrenzung eines lebenden Organismus vor sich gehen, durch die Physik und Chemie erklären? [34, S. 10]

Angeregt wurde er zu diesen Untersuchungen durch Arbeiten Max Delbrücks, den er noch in Berlin als Mitarbeiter Lise Meitners schätzen gelernt hatte und der dann in den USA entscheidend zur Herausbildung der modernen Molekularbiologie beitrug. [83] Delbrück hatte in diesem Zusammenhang ein Gen-Modell entwickelt, das von der Quantennatur der Elementarprozesse der Vererbung ausging und die Konstanz und Mutabilität der Gene mit Hilfe molekularer Kräfte erklärte. Daran anknüpfend, versuchte Schrödinger diesen Gedanken zu generalisieren und auf die lebende Zelle, deren Schlüsselelemente ja die Gene sind, auszudehnen. Damit war aber zugleich die Frage nach dem inneren Zusammenhang von biologischen (wie Mutation, Selektion) und physikalischen (z. B. Quantensprünge) Fundamentalerscheinungen aufgeworfen. Schrödinger hat dann im einzelnen versucht, die dem Biologen wohlvertrauten Mutationen quantitativ zu erfassen und die mögliche wahrscheinliche Häufigkeit des Auftretens bestimmter Mutationen formelmäßig darzustellen.

Auch wenn mit seinem Buch letztlich noch keine erschöpfende Antwort auf alle damit in Beziehung stehenden Fragen gegeben werden konnte, so hat Erwin Schrödinger aber doch „weite Kreise auf die Morgendämmerung einer neuen Epoche biologischer Forschung" hingewiesen [83, S. 13] und für die Herausbildung des heutigen Inhalts der Molekularbiologie Bedeutsames geleistet. Eine ganze Generation von Physikern und Biologen wurde von Schrödingers Methode des Herangehens an die Grundfragen des Lebens beeinflußt, und so wurde den heutigen großen Erfolgen ihrer Zusammenarbeit im Bereich der molekularbiologischen Forschung der Weg geebnet. Beispielsweise war die Lektüre des Buches für den Mitentdecker der Doppelhelixstruktur der DNS, Francis Crick, Grund genug, der „reinen" Physik den Rücken zu kehren und sich molekularbiologischen Fragestellungen zuzuwenden. [101, S. 24]

Ausgehend von einem sehr populären Verständnis der Biologie – er war ja in keiner Weise Fachmann, und sein Buch reflektiert nicht einmal die neuesten Erkenntnisse auf diesem Gebiet – war es Erwin Schrödinger trotzdem gelungen, Fragen von einem so hohen Verallgemeinerungsgrad zu stellen, daß jeder sich dafür interessierende Naturforscher auf die epochalen Probleme der Biologie gestoßen wurde.

Die wissenschaftshistorische Bedeutung des Schrödingerschen Buches erschöpft sich jedoch nicht in diesem „aufklärerischen" Effekt, denn viele der darin entwickelten Ideen einer „physikalischen Theorie" des Lebens (gemeint ist nicht etwa ein physikalischer Reduktionismus, sondern vielmehr, daß auch die lebende Materie streng physikalisch-chemischen Gesetzen unterliegt) haben bis heute nichts von ihrer Bedeutung eingebüßt.

Insbesondere zwei Gedanken sind es, die eine Herausstellung verdienen. Schrödinger gab mit seinem Buch eine der ersten Darstellungen der Thermodynamik offener Systeme, wobei er zeigt, daß in solchen Systemen Prozesse der Selbstregulierung und Selbsterzeugung auftreten können. Da in biologischen Objekten gerade solche offenen thermodynamischen Systeme vorliegen, war damit zugleich eine Möglichkeit erschlossen, der Frage nach den Ursachen und Mechanismen der biologischen Evolution auf einer neuen Grundlage nachzugehen. Das gegenwärtig so hochaktuelle Forschungsgebiet der Strukturbildung in biologischen Systemen knüpft in dieser Hinsicht ganz unmittelbar an die von Schrödinger bereits Mitte der vierziger Jahre angestellten Überlegungen an.

Auch die auf Schrödinger zurückgehende Idee des aperiodischen Kristalls war für die Molekularbiologie richtungweisend, mündet sie doch in die Formulierung des Prinzips der genetischen Informationsspeicherung. Schrödinger will dabei „ein Gen- oder vielleicht den ganzen Chromosomenfaden – als einen aperiodischen Körper" [34, S. 97] aufgefaßt wissen und erkennt zugleich, daß die genetische Information in der Struktur solcher aperiodischen Kristalle sehr leicht zu verschlüsseln wäre:

Eine gut geordnete Verassoziierung von Atomen – mit genügender Widerstandskraft ausgestattet, um ihre Ordnung dauernd zu erhalten – scheint die einzig denkbare materielle Struktur zu sein, welche eine Mannigfaltigkeit möglicher („isomerer") und genügend großer Anordnungen bietet, um ein kompliziertes System von „Determinationen" innerhalb eines eng begrenzten Raumes aufzunehmen. [34, S. 98]

Anhand eines einfachen Rechenexempels macht er deutlich, daß man mit ganz wenigen Grundbausteinen schon eine beinah unbegrenzte Zahl möglicher Anordnungen erzeugen kann. Hierdurch ist es dann auch

mit dem molekularen Bild des Gens nicht mehr länger unvereinbar, wenn der Miniaturcode genau einem hochkomplizierten und bis ins einzelne bestimmten Entwicklungsplan entsprechen und irgendwie die Mittel, seine Ausführung anzuregen, erhalten soll. [34, S. 99]

Zwar konnte Erwin Schrödinger weder die Art der Genmoleküle noch ihre einzelnen Bausteine und erst recht nicht den Code angeben – dazu waren erst die umfangreichen experimentellen und theoretischen molekularbiologischen Forschungen des folgenden Jahrzehnts nötig –, doch das Grundprinzip der genetischen Informationsspeicherung, an dem sich all diese Forschungen orientieren konnten, war schon in Schrödingers Buch klar herausgearbeitet und physikalisch fundiert worden.

Erwin Schrödinger hatte also in der Ruhe und Beschaulichkeit seines Dubliner Instituts wieder bedeutsame Forschungsleistungen erbringen können. Dublin war ihm damit nicht nur eine persönliche, sondern vor allem auch eine wissenschaftliche Heimstatt geworden. Es erstaunt deshalb keineswegs, daß alle Versuche, Erwin Schrödinger nach der Zerschlagung des Faschismus wieder an die Stätten seines einstigen Wirkens zurückzuholen, zunächst zum Scheitern verurteilt waren. Allzu groß wird ihm das Wagnis erschienen sein, die ihm in Dublin gebotenen optimalen Arbeits-

DUBLIN INSTITUTE FOR ADVANCED STUDIES

SCHOOL OF THEORETICAL PHYSICS
64-5 MERRION SQUARE
DUBLIN

An den

    Herrn Dekan der Mathematisch-Naturwissenschaftlichen
        Fakultät

           der Universität Berlin.

24. Juni 1947.   Dahlem, Haderslebenerstrasse 9.

Hochverehrter Herr Dekan!

    Ich muss sehr um Entschuldigung bitten, dass ich auf
Ihr freundliches Schreiben vom 8. März d.J. (Tgb. Nr. 76/47),
für welches ich Ihnen bestens danke, erst so verspätet antworte.

    Die Jahre an der Berliner Universität gehören zu den
glücklichsten meines Lebens. Die Möglichkeit einer Rückkehr
dorthin, wenn auch bloss als Emeritus, behalte ich dauernd im
Auge. Dass man darüber hinaus daran denkt, mich zu reaktivieren,
war mir eine grosse Freude, als ich es zuerst aus einem sehr
liebenswürdigen Schreiben des Herrn Rektors vom 10. Juni 1946
erfuhr. Dennoch muss ich für eine solche Entscheidung eine
Klärung und Besserung der Verhältnisse abwarten.

    Mitten in den Jahren, in denen die Arbeitskraft eines
Wissenschaftlers sich zu intensivster und normaler Weise ungestörter Tätigkeit zu entfalten pflegt, bin ich durch die un-
seligen Zeitläufte zweimal aus der Bahn geworfen worden, als ich
1933 Deutschland und wieder 1938 Österreich verliess, um mich
der Despotie zu entziehen. Es war beide Male fluchtartig, das
zweite Mal nur mit einem Handkoffer, all meine damalige Habe
zurücklassend dort, wo sie sich noch heute befindet, soweit sie
nicht inzwischen geplündert wurde. – Ich führe dies an, um zu
begründen, dass ich eine dritte Verpflanzung nur in völlig ge-
klärte und gesicherte Verhältnisse unternehmen könnte. Erneuer-
ter Kampf mit noch widrigen Umständen würde zu viel vom ver-
bleibenden Rest meiner Kraft aufzehren.

    Einem vorläufigen Besuch für ein Semester standen in die-
sem Jahr der geringe Stand unseres Lehrkörpers und begonnene
Vorlesungskurse entgegen. Ihr freundlicher Vorschlag in dieser
Richtung ist aber auch sonst nicht ganz einfach durchzuführen.
Die Kosten meines hiesigen Haushalts vermindern sich nur wenig,
wenn ich auf drei oder vier Monate fort bin. Anderseits kann ich
nicht erwarten, dass man mir in diesem Fall mein Gehalt einfach

(2)

DUBLIN INSTITUTE FOR ADVANCED STUDIES

SCHOOL OF THEORETICAL PHYSICS
64-5 MERRION SQUARE
DUBLIN

weiter bezahlt.

    Vorläufig muss ich mir am Fortbestehen meiner ideellen
Zugehörigkeit zu Ihrer Universität genügen lassen. In dem
oben erwähnten Schreiben des Rektorates (v. 10.6.1946) war
gesagt, dass allen an der erneuerten Universität bestätigten
Mitgliedern des Lehrkörpers eine gedruckte Urkunde hierüber
ausgestellt werden wird, und dass mir eine solche zugehen
wird. Ich habe sie noch nicht erhalten und würde mich in der
Tat sehr darüber freuen.

    Mit verbindlichsten kollegialen Grüssen

        Ihr sehr ergebener

                   (E. Schrödinger)

11 Brief Schrödingers an den Dekan der Berliner Universität v. 24. 6. 1947 und Lebensbedingungen aufzugeben und in das leidgeprüfte Nachkriegseuropa zurückzukehren.

Bereits wenige Monate nach Kriegsende hatte man von österreichischer Seite versucht, Erwin Schrödinger für eine Professur in der Heimat zu interessieren. Über den Schwiegersohn des damaligen österreichischen Bundespräsidenten Dr. Karl Renner wurden die Fäden nach Dublin geknüpft. Zwar gab Schrödinger in diesem Zusammenhang zu erkennen, daß er grundsätzlich einen „derartigen Antrag sehr ernstlich in Erwägung ziehen" würde, doch zu einem definitiven Entschluß konnte er sich unter den gegebenen Umständen nicht durchringen.

Ähnlich erging es der Berliner Universität, die im Frühjahr 1947 an den Gelehrten herangetreten war und ihn zur Rückkehr an seine frühere Wirkungsstätte eingeladen hatte. Schrödingers Antwortschreiben (vgl. Abb. 11) ist ein bewegendes Zeitdokument.

Bei der Entscheidung, Dublin zunächst nicht zu verlassen, blieb es auch in den folgenden Jahren. Zwar kam er mit seiner Frau einige Male besuchsweise in das geliebte Wien, und die Innsbrucker Universität konnte ihn zudem im Jahre 1950 für eine Gastprofessur gewinnen, doch auf die endgültige Rückkehr ihres bedeutenden Sohnes mußte die Heimat noch über ein Jahrzehnt warten. Erst als sich die wirtschaftlichen und politischen Verhältnisse durch den Abschluß des österreichischen Staatsvertrages normalisierten, entschloß sich Erwin Schrödinger zur Rückkehr in die Heimat. Ein 18jähriges Exil fand damit sein Ende, dessen Dubliner Jahre er rückblickend als „eine sehr, sehr schöne Zeit" empfunden hat:

Nie hätte ich sonst diese schöne Insel Irland kennen und lieben gelernt. Gar nicht auszudenken, wenn ich statt dessen 17 Jahre in Graz gewesen wäre. [58, S. 191]

Wieder in der Heimat

„Nobelpreisträger Doktor Erwin Schrödinger kehrte nach 17jähriger Abwesenheit nach Wien zurück." Unter dieser Schlagzeile meldete die „Wiener Zeitung" vom 5. April 1956 auf ihrer ersten Seite die Rückkehr des großen Sohnes der Stadt. Daß dieses Ereignis ein so starkes Interesse in der österreichischen Öffentlichkeit erregte – auch Radio Wien strahlte aus diesem Anlaß am selben Tage ein Interview aus –, macht deutlich, welch hohe Wertschätzung man Erwin Schrödinger über die langen Jahre seiner Emigration bewahrt hatte. Das war dann sicherlich auch der Impetus, daß man selbst nach dem Scheitern der ersten Pläne weiterhin alles daran setzte, den berühmten Gelehrten für die Heimat zurückzugewinnen. Mitte der fünfziger Jahre, der Abschluß des österreichischen Staatsvertrages und damit auch der Abzug aller Besatzungstruppen stand unmittelbar bevor, traten diese Bemühungen endlich in ihre kritische Phase.
Nachdem man sich die prinzipielle Zustimmung Erwin Schrödingers gesichert hatte, schlug eine vom Dekan der Philosophischen

12 Erwin Schrödinger in seinem Arbeitszimmer (1956)

.Fakultät eingesetzte Kommission im Juni 1955 vor, Schrödinger
ein „ad personam Ordinariat für Theoretische Physik" an der Wiener Universität einzurichten; die offizielle Ernennung erfolgte
dann per Entschließung des Bundespräsidenten am 18. Januar
1956. Dies war für Erwin Schrödinger ein „wichtiger Akt", der
nicht nur die Rückkehr in die Heimat ermöglichte, sondern zugleich die Erfüllung eines alten Jugendtraumes brachte: einmal
Nachfolger seiner berühmten Lehrer Ludwig Boltzmann und Fritz
Hasenöhrl zu werden.

Der österreichischen Regierung war er bis zu seinem Lebensende dankbar
dafür, daß er – damals 69jährig – an die Stätte seiner ersten wissenschaftlichen Tätigkeit, an das Physikalische Institut der Universität Wien zurück-
kehren konnte. [41, S. 146]

Zu Beginn der letzten Märzdekade verließ Erwin Schrödinger die
grüne Insel und kam – nach kurzen Zwischenaufenthalten in London und Innsbruck – zur Osterzeit in Wien an. Bereits wenige
Tage nach seiner Ankunft, am 13. April 1956 um 12 Uhr, hielt
Erwin Schrödinger seine Antrittsvorlesung an der Wiener Universität. Als Thema hatte er sich „Die Krise des Atombegriffs" gewählt. Die Veranstaltung gestaltete sich zu einem regelrechten
Festakt, zu dem viel Prominenz, darunter sogar der Bundespräsi-
dent, eingeladen worden war.
An seiner neuen Wirkungsstätte war Erwin Schrödinger noch
zwei Jahre tätig. In dieser Zeit kümmerte er sich vornehmlich um
den wissenschaftlichen Nachwuchs und hielt Vorlesungen u. a. zur
„Allgemeinen Relativitätstheorie" und über „Expandierende Welt-
räume". Allerdings wurden diese Jahre von häufiger Krankheit
überschattet, was die Vorlesungstätigkeit einschränkte, doch hielt
er zuweilen kleinere Kolloquien in seiner Wohnung ab. 1957 erfolgte die Emeritierung, doch schied er erst nach einem sogenannten Ehrenjahr endgültig aus dem Universitätsdienst aus:

... so war das Ende meiner akademischen Laufbahn glücklich verbracht am
geliebten Physikalischen Institut, wo ich begonnen hatte. [58, S. 191]

Hatte Erwin Schrödinger schon am Beginn seiner wissenschaftlichen Karriere davon geträumt, „redlich theoretische Physik vorzu-
tragen, ... mich im übrigen aber mit Philosophie zu befassen, tief
eingetaucht, wie ich damals war, in die Schriften Spinozas, Schopen-
hauers, Machs, Richard Semons und Richard Avenarius" [40, S. 8],

scheint sich dieser Vorsatz erst in der relativ unbelasteten und durch eine völlige Lehr- und Forschungsfreiheit geprägten Atmosphäre seiner letzten Schaffensperiode realisiert zu haben. Anknüpfend an bereits zuvor geäußerte Gedanken erschien seit der Mitte der vierziger Jahre eine Reihe höchst origineller Monographien und Aufsätze, in denen sich Erwin Schrödinger erkenntnistheoretischen, philosophischen und weltanschaulichen Fragen der Physik zuwandte, um davon ausgehend auch seinen Standpunkt zu philosophischen Fragen allgemeiner Natur darzustellen. Schriften wie „Naturwissenschaft und Humanismus" (1951), „Die Natur und die Griechen" (1954), „Geist und Materie" (1958) oder „Meine Weltansicht" (1961) bezeugen eindrucksvoll, daß Erwin Schrödinger nicht nur ein tiefgründiger physikalischer Denker, sondern auch ein eminent „philosophischer Kopf" war. Philosophie und einzelwissenschaftliche Erkenntnis bildeten für ihn eine untrennbare und sich wechselseitig bedingende Einheit, so daß die physikalische Forschung bei Erwin Schrödinger so etwas wie eine mit anderen Mitteln betriebene Fortsetzung seiner philosophischen Interessen darstellte.

Für die Persönlichkeit Erwin Schrödingers, die in unverkennbarer Weise von bürgerlich-humanistischen Idealen geprägt wurde, ist es charakteristisch, daß im Zentrum seines Philosophierens die Gedankenwelt der Antike stand. Sie war es, an die sein Schaffen unmittelbar anknüpft und von der er immer wieder vielfältige Anregungen empfangen hat. Eine Schlüsselrolle in diesem Rückgriff auf antike philosophische Traditionen nimmt dabei sein Werk „Die Natur und die Griechen" ein. Das Buch, das aus einem 1948 am Londoner University College gehaltenen Vorlesungszyklus hervorgegangen war, gibt nicht nur eine interessante philosophiehistorische Einführung in die antike griechische Philosophie, sondern es ist zugleich eine intelligente Auseinandersetzung mit der Frage, wie sich die besonderen Züge heutiger naturwissenschaftlicher Erkenntnisgewinnung historisch – und nicht etwa logisch! – entwickelt haben. Hierbei dachte Erwin Schrödinger nicht zuletzt an die aktuellen Diskussionen um die physikalisch-erkenntnistheoretischen Grundlagen der Quantentheorie. Er schrieb:

Man hat wirklich den Eindruck, daß die Naturwissenschaft durch tief eingewurzelte Denkgewohnheiten gehemmt ist, deren einige sehr schwer herauszufinden sind, während andere schon aufgedeckt wurden ... die gegenwär-

tige Krise in den heutigen Grundwissenschaften [deutet] auf die Notwendigkeit, ihre Grundfragen bis in sehr tiefe Schichten zu revidieren.
Dies ist also ein weiterer Antrieb, uns wieder dem eifrigen Studium der griechischen Gedankenwelt zuzuwenden. Nicht nur kann man hoffen, ... vergessene Weisheiten auszugraben, sondern auch altüberkommenen Irrtum an der Quelle zu entdecken, wo er leichter zu durchschauen ist. Durch den ernstlichen Versuch, uns in die intellektuelle Situation der alten Denker zurückzuversetzen, die weit unerfahrener als wir hinsichtlich des wirklichen Verhaltens der Natur, aber auch oft viel vorurteilsloser waren, mögen wir ihre Unbefangenheit des Denkens wiedergewinnen – wenn auch vielleicht, um mit dieser, unterstützt durch unsere Tatsachenkenntnis, ihre frühen Irrtümer, die uns heute noch stören, zu beheben. [38, S. 37]

Ein weiteres Grundmotiv für eine Rückbesinnung auf antikes Gedankengut war die dort beispielhaft verkörperte Einheit der Wissenschaften, deren Aufspaltung in den modernen Wissenschaften Erwin Schrödinger wie kaum ein zweiter Naturwissenschaftler unseres Jahrhunderts beklagt hat. In diesem Zusammenhang schrieb er:

Es ist betrüblich zu sehen, wie die Menschheit demselben Ziel auf zwei verschiedenen und schwierig gewundenen Pfaden zustrebt, mit Scheuklappen und zwischen trennenden Wänden ... Das ist ein trauriger Anblick, schon deshalb beklagenswert, weil die Grenzen des Erreichbaren viel enger abgesteckt werden, als wenn alle verfügbaren Geisteskräfte vorurteilsfrei vereint eingesetzt würden. ... die Philosophie der Griechen [zieht uns] deshalb so sehr an, weil nirgends auf der Welt, weder vorher noch nachher, ein so fortgeschrittenes, wohlgegliedertes Gebäude aus Wissen und Nachdenken errichtet worden ist, *ohne* die verhängnisvolle Spaltung, die uns jahrhundertelang gehemmt hat und heute unerträglich geworden ist. [38, S. 25]

Das „Eine", das er nicht nur durch den Rückgriff auf die Antike, sondern auch durch eine Rezeption von indischer und chinesischer Philosophie zu begründen suchte, wurde so zur bestimmenden Kategorie seines wissenschaftlichen Denkens und Handelns. Dieses Leitbild, im Sinne einer Identitätslehre der verschiedenen Bewußtseinssphären angelegt, bot allerdings auch jene Ansatzpunkte, die den Gelehrten zuweilen in idealistische Positionen abgleiten ließ; so wollte er diese Einheit auch auf das Verhältnis von Naturwissenschaft und Religion sowie auf den Bereich des Denkens und der menschlichen Gesellschaft insgesamt ausgedehnt wissen. Charakteristisch für letzteres ist sein Versuch einer naturwissenschaftlichen Begründung der Ethik, die Verhaltensmuster der biologischen Evolution auf die menschliche Gesellschaft überträgt.
Wichtiger als solche Tendenzen scheint jedoch bei der Einschät-

zung der philosophischen Position Erwin Schrödingers zu sein, daß er als Physiker vom Prinzip her materialistische Positionen vertreten und in der Zeit der Auseinandersetzung mit dem Positivismus die Basis des naturwissenschaftlichen Materialismus nie verlassen hat. Am deutlichsten kommt dieser Standpunkt in seinen erkenntnistheoretischen Auffassungen zum Tragen, die von einer objektiv real existierenden Außenwelt ausgehen, einen überzogenen Empirismus ablehnen und den Modellcharakter unserer Erkenntnis anerkennen. An Albert Einstein schrieb er in diesem Zusammenhang:

Die Vorstellung einer wirklich existierenden Welt gründet sich auf die weitgehende Gemeinsamkeit der Erfahrungen vieler Individuen, ja aller Individuen, die in dieselbe oder ähnliche Situation gegenüber dem betreffenden Objekt kommen. [72, S. 34]

In einem Vortrag aus dem Jahre 1952 führt er noch pointierter aus:

Eine weitverbreitete Lehrmeinung geht dahin, daß es ein objektives Bild der Wirklichkeit in irgendeinem früher geglaubtem Sinn überhaupt nicht geben kann. Nur die Optimisten unter uns (zu denen ich mich selbst rechne) halten das für eine philosophische Verstiegenheit, ein Verzweiflungsschritt angesichts einer großen Krise. [41, S. 102]

Die gleiche antipositivistische Haltung wird ebenfalls deutlich, wenn er zum menschlichen Erkenntnisprozeß ausführt:

Nun ist freilich das Rohmaterial noch so vieler Experimentaluntersuchungen noch lange kein physikalisches Weltbild ... wir fühlen das unabweisliche Bedürfnis, das unmittelbar wirklich Beobachtete gedanklich zu ergänzen und zu bereichern, es abzubilden oder einzubetten in reichhaltigere Mannigfaltigkeiten, welche imstande sein sollen, nicht nur alle bisherigen, sondern auch künftige, und womöglich alle überhaupt denkbaren künftigen Messungsergebnisse in sich aufzunehmen. So entsteht allmählich ein Bild von der Natur, das wir zutreffend nennen, wenn es die Ergebnisse künftiger Versuche richtig vorauszusagen gestattet. [41, S. 21]

Die übergroße Mehrheit aller philosophischen Bemerkungen Erwin Schrödingers bezieht sich auf das Problem von Kausalität und Determinismus. Die Ursachen dafür sind nicht nur darin zu suchen, daß in den Jahren der „Krise der Physik" dieser Fragenkomplex im Mittelpunkt der Auseinandersetzungen stand, sondern auch weil Erwin Schrödinger schon sehr viel früher auf die damit im Zusammenhang stehenden Probleme durch seinen Lehrer Franz Exner aufmerksam geworden war. So hatte sich mit dieser

Problematik schon seine Züricher Antrittsvorlesung beschäftigt und eine Gesetzesauffassung propagiert, die in vollem Maße der Dialektik von Zufall und Notwendigkeit Rechnung trug:

> Die physikalische Forschung hat in den letzten 4–5 Jahrzehnten klipp und klar bewiesen, daß zumindest für die erdrückende Mehrzahl der Erscheinungsabläufe, deren Regelmäßigkeit und Beständigkeit zur Aufstellung des Postulates der allgemeinen Kausalität geführt haben, die gemeinsame Wurzel der beobachteten strengen Gesetzmäßigkeit – der Zufall ist. [41, S. 10]

Ausgehend hiervon hat sich Schrödinger auch im Bereich der Mikrophysik zur strengen Gültigkeit des Kausalitätsprinzips bekannt, wobei er jedoch anerkannte, daß die alten Vorstellungen zum Determinismus modifiziert werden müßten. Ein Durchbrechen der Naturgesetzlichkeit im Sinne von Wundern o. ä. gab es für Erwin Schrödinger nicht.

Die Kennzeichnung der philosophischen Position Erwin Schrödingers als eine weitgehend materialistische, die sogar Elemente der Dialektik enthält, rückt ihn selbstverständlich noch nicht in die Nähe des dialektischen Materialismus; diesen hat er ignoriert, so daß sich in seinen Schriften weder positive noch ablehnende Ansichten hierzu finden.

Abschließend sei noch auf einen weiteren interessanten Aspekt in Erwin Schrödingers philosophischem Wirken hingewiesen. Schrödinger, für den wissenschaftliches „Schubfachdenken" fremd war, hatte sich bereits zu einer Zeit Gedanken über Ziel und Zweck der wissenschaftlichen Forschung gemacht, als solche Art Reflexionen noch sehr selten im Blickfeld bürgerlicher Wissenschaftsforschung lag. In seinem vor der Berliner Akademie 1932 gehaltenen Vortrag „Ist die Naturwissenschaft milieubedingt?" versuchte er Momente des Zusammenhangs der Wissenschaft mit den gesellschaftlichen Bedingungen ihrer Epoche zu ergründen und mit Begriffen wie „Zeitgeist", „Kultur als Ganzes" oder „Milieu" zu umschreiben. Dieser Problemkreis ist auch später vielfach von ihm aufgegriffen worden, wobei er immer wieder warnend darauf hingewiesen hat, daß wissenschaftliche Erkenntnis nicht zum Selbstzweck werden dürfe:

> Es gibt eine Neigung zu vergessen, daß die gesamte Wissenschaft an die menschliche Kultur überhaupt gebunden ist und daß wissenschaftliche Entdeckungen, mögen sie im Augenblick auch überaus fortschrittlich und esoterisch und unfaßlich erscheinen, außerhalb ihres kulturellen Rahmens sinnlos sind. Eine theoretische Wissenschaft, die sich dessen nicht bewußt ist, daß

die Begriffe, die sie für relevant und wichtig hält, letztlich dazu bestimmt
sind, in Worte und Begriffe gefaßt zu werden, die für die Gebildeten verständlich sind, und zu einem Bestandteil des allgemeinen Weltbildes zu werden ... wird zwangsläufig von der übrigen Kulturgeschichte abgeschnitten
werden; auf lange Sicht wird sie verkümmern und erstarren, so lebhaft das
esoterische Geschwätz innerhalb ihrer fröhlich isolierten Expertenzirkel auch
weitergehen mag. [35, S. 233]

Als angesehener Wissenschaftler, Mitglied zahlreicher wissenschaftlicher Gesellschaften und mehrfacher Ehrendoktor allseits
geehrt, verlebte Erwin Schrödinger die letzten Lebensjahre relativ
zurückgezogen in dem idyllischen Alpendorf Alpbach. Sie waren
überschattet von jener Krankheit, die schon seinem Wirken in der
letzten Zeit enge Grenzen auferlegt und die im Frühjahr 1957 sogar lebensbedrohende Formen angenommen hatte. Unmittelbar
nach seiner Genesung hatte er noch an einen Universitätskollegen
geschrieben, daß er jetzt wohl kürzer treten müsse, denn

ein Bisserl [möchte ich noch] weiterleben, besonders weil mir das Leben
jetzt hier in Österreich doch sehr viel mehr Freude macht als anderswo.

Drei Jahre sollten ihm noch vergönnt sein; am 4. Januar 1961 starb
Erwin Schrödinger in einem Wiener Krankenhaus. In Alpbach, in-

13 Erwin Schrödinger
anläßlich der Auf-
nahme in den Orden
„Pour le merite"

mitten seiner geliebten Tiroler Berge, fand er seine letzte Ruhe-
stätte. Sein Grabstein trägt die schlichte Inschrift:

R. I. P. Erwin Schrödinger
12. VIII. 1887–4. I. 1961

Ein großes Leben hatte sich vollendet, ein Leben, das Erwin
Schrödinger zu einem der größten Physiker unseres Jahrhunderts
werden ließ. Unbestritten dieser Tatsache wollen wir am Schluß
dieser Lebensskizze nicht den Wissenschaftler, sondern den Poe-
ten und Künstler noch einmal zu Wort kommen lassen [42, S. 11]:

Parabel

Was in unserem leben, freund
wichtig und bedeutend scheint,
ob es tief zu boden drücke
oder freue und beglücke,
taten, wünsche und gedanken,
glaube mir, nicht mehr bedeuten
als des zeigers zufallschwanken
im Versuch, den wir bereiten
zu ergründen die natur:
sind molekelstöße nur.
Nicht des lichtflecks irres zittern
läßt dich das gesetz erwittern.
Nicht dein jubeln und erbeben
ist der sinn von diesem leben.
Erst der weltgeist, wenn er drangeht,
mag aus tausenden versuchen
schließlich ein ergebnis buchen. –
Ob das freilich uns noch angeht?

85

Chronologie

1887	Am 12. August wird Erwin Schrödinger in Wien geboren.
1898–1906	Besuch des angesehenen Akademischen Gymnasiums in Wien.
1906	Beginn des Studiums an der Wiener Universität. Seine akademischen Lehrer werden Franz Exner und Fritz Hasenöhrl in Physik sowie Wilhelm ·Wirtinger in Mathematik.
1910	Promotion.
1911–1920	Assistent von Exner am II. Physikalischen Institut der Wiener Universität.
1914	Habilitation; Privatdozent.
1914–1918	Kriegsdienst in einer „einsamen Stellung" an der österreichischen Südfront.
1916	Beschäftigung mit den Einsteinschen Arbeiten zur Allgemeinen Relativitätstheorie.
1920	Heirat mit Annemarie Bertel.
1920	Dozentur für theoretische Physik und Assistent von Max Wien an der Jenaer Universität.
1920/1921	Professor in Stuttgart und Breslau (Wrocław).
1921/1927	Professor für theoretische Physik an der Universität Zürich.
1925/1926	Arbeiten zur Wellenmechanik.
1926	Im Frühjahr erscheinen in den „Annalen der Physik" seine fundamentalen Abhandlungen zur Wellenmechanik, die auch die berühmte „Schrödinger-Gleichung" enthalten.
1927–1933	Nachfolger von Max Planck auf dem Lehrstuhl für theoretische Physik der Berliner Universität.
1929	Aufnahme in die Berliner Akademie der Wissenschaften.
1933	Freiwillige Emigration; Professor des Magdalen College in Oxford.
1933	Verleihung des Nobelpreises für Physik (gemeinsam mit P. A. M. Dirac).
1936	Rückkehr in seine österreichische Heimat als Professor für Physik der Universität Graz.
1938	Nach dem Anschluß Österreichs an Hitlerdeutschland Entlassung aus dem Universitätsdienst und Flucht ins Ausland.
1938/1939	Aufenthalt in Italien, Schweiz, England, Belgien.
1939	Übernahme der Leitung des für ihn eingerichteten „Institute for Advanced Studies" in Dublin.
1944	Publikation des Buches „Was ist Leben".
1949	Erscheinen seiner „Gedichte".
1954	„Die Natur und die Griechen".

1956   Rückkehr nach Österreich in ein persönliches Ordinariat der Wiener Universität.
1957   Emeritierung. Nach einem weiteren akademischen Ehrenjahr zieht sich Schrödinger in sein Haus in Alpbach/Tirol zurück.
1961   Am 4. Januar stirbt Erwin Schrödinger in Wien.

Literatur

A) Bibliographie ausgewählter Schriften Erwin Schrödingers

[1]   Die Leitung der Elektrizität auf der Oberfläche von Isolatoren an feuchter Luft. Sitzungsberichte Akademie der Wissenschaften Wien, 1910, Abt. 2a, 119, S. 1215–1223.

[2]   Zur kinetischen Theorie des Magnetismus (Einfluß der Leitungselektronen). Sitzungsberichte Akademie der Wissenschaften Wien 121 (1912) 1305–1329.

[3]   Dielektrizität. In: Handbuch der Elektrizität und des Magnetismus (L. Grätz). Leipzig 1914.

[4]   Die Ergebnisse der neueren Forschung über Atom- und Molekularwärme. Naturwissenschaften 5 (1917) 537–543; 561–566.

[5]   Zur Theorie des Debyeeffektes. Physikalische Zeitschrift 15 (1914) 497–504.

[6]   Die Energiekomponenten des Gravitationsfeldes. Physikalische Zeitschrift 19 (1918) 4–7.

[7]   Ein Lösungssystem der allgemeinen kovarianten Gravitationsgleichungen. Physikalische Zeitschrift 19 (1918) 20–23.

[8]   Grundlinien einer Theorie der Farbenmetrik im Tagessehen. Annalen der Physik 63 (1920) 397–456; 481–520.

[9]   Versuch zur modellmäßigen Deutung des Terms der scharfen Nebenserien. Zeitschrift für Physik 4 (1921) 347–355.

[10]   Eine bemerkenswerte Eigenschaft der Quantenbahnen eines einzelnen Elektrons. Zeitschrift für Physik 12 (1922) 13–24.

[11]   Bohrs neue Strahlenhypothese und der Energiesatz. Naturwissenschaften 12 (1924) 720–724.

[12]   Ursprung der Empfindlichkeitskurve des Auges. Naturwissenschaften 12 (1924) 925–929.

[13]   Gasentartung und freie Weglänge. Physikalische Zeitschrift 25 (1924) 41–45.

[14]   Verhältnis der Vierfarben- zur Dreifarbentheorie. Sitzungsberichte der Akademie der Wissenschaften Wien 134 (1925).

[15]   Bemerkungen über die statistische Entropiefunktion beim idealen Gas. Sitzungsberichte der Preußischen Akademie der Wissenschaften 1925, S. 434–442.

[16]   Die Energiestufen des idealen einatomigen Gasmodells. Sitzungsberichte der Preußischen Akademie der Wissenschaften 1926, S. 23 bis 37.

[17] Quantisierung als Eigenwertproblem. Annalen der Physik 79 (1926) 361–376; 489–527; 80 (1926) 437–491; 81 (1926) 109–140.

[18] Über das Verhältnis der Heisenberg-Born-Jordanschen Quantenmechanik zu der meinen. Annalen der Physik 79 (1926) 734–757.

[19] Der stetige Übergang von der Mikro- zur Makromechanik. Naturwissenschaften 14 (1926) 664–666.

[20] Zur Einsteinschen Gastheorie. Physikalische Zeitschrift 27 (1926) 95–101.

[21] Die Gesichtsempfindungen. In: Müller-Pouillets Lehrbuch der Physik Bd. II, 1. Braunschweig 1926.

[22] Abhandlungen zur Wellenmechanik. Leipzig 1927.

[23] Adresse an Herrn Planck zum 50. Doktorjubiläum. Sitzungsberichte der Preußischen Akademie der Wissenschaften 1929.

[24] Über Indeterminismus in der Physik. Ist die Naturwissenschaft milieubedingt? Leipzig 1932.

[25] Diracsches Elektron im Schwerefeld. Sitzungsberichte der Preußischen Akademie der Wissenschaften 1932, S. 105–128.

[26] Warum sind die Atome so klein? Forschungen und Fortschritte 9 (1933) 125–126.

[27] Grundgedanke der Wellenmechanik (Nobel-Vortrag); Autobiographie. In: Les Prix Nobel 1933. Stockholm 1935.

[28] Die gegenwärtige Situation in der Quantenmechanik. Naturwissenschaften 23 (1935) 807–812; 823–828; 844–849.

[29] The proper vibration of the expanding Universe. Physica 6 (1939) 899–912.

[30] Statistical Thermodynamics. Cambridge 1946.

[31] Die Besonderheiten des Weltbildes der Naturwissenschaften. Acta Physica Austriaca 1 (1948) 201–245.

[32] 2400 Jahre Quantentheorie. Annalen der Physik 3 (1948) 43–48.

[33] Naturwissenschaft und Humanismus. Wien 1951.

[34] Was ist Leben. Bern 1951.

[35] Are there quantum jumps? British Journal of Philosophical Science 3 (1952) 233–242.

[36] Space-Time Sructure. Cambridge 1950.

[37] Expanding Universe. Cambridge 1956.

[38] Die Natur und die Griechen. Hamburg 1956.

[39] Geist und Materie. Braunschweig 1958.

[40] Meine Weltansicht. Wien 1961.

[41] Was ist ein Naturgesetz. München 1962.

[42] Gedichte. Bonn 1949.

B) Biographien, Nekrologe, spezielle Arbeiten zu Leben und Werk von Erwin Schrödinger

[43] M. Born: Erwin Schrödinger. Physikalische Blätter 17 (1961) 85–87.

[44] P. A. M. Dirac: Erwin Schrödinger. Nature 189 (1961) 355–356.

[45] R. Erckmann: Erwin Schrödinger. Via Regia München 1955, S. 370 bis 385.

[46] L. Flamm: Erwin Schrödinger. Forschungen und Fortschritte 35 (1961) 250–251.

[47] W. Glaser: Erwin Schrödinger 70 Jahre. Physikalische Blätter 13 (1957) 373–374.

[48] E. Fues: Erwin Schrödinger zum Gedenken. Naturwissenschaften 48 (1961) 393–394.

[49] W. Heisenberg: Erwin Schrödinger. Jahrbuch der Bayrischen Akademie der Wissenschaften 1961, 27–35.

[50] H. Thirring: Erwin Schrödinger zum 60. Geburtstag. Acta Physica Austriaca 1 (1947) 105–109.

[51] A. Papapetrou: Nachruf auf Erwin Schrödinger. Jahrbuch der Deutschen Akademie der Wissenschaften 1963. S. 202.

[52] W. Bordel: Zum philosophischen Standort von Erwin Schrödinger. Dissertation Berlin 1978.

[53] W. Buchheim: Die Schrödingersche Wellenmechanik als Beitrag zum quantenphysikalischen Naturverständnis. Nova Acta Leopoldina N. F. Nr. 239, Bd. 52. Halle 1980.

[54] J. Gerber: Geschichte der Wellenmechanik. Archive for History of Exact Sciences 5 (1969) 349–416.

[55] P. Hanle: Indeterminacy Before Heisenberg: The Case of Franz Exner and Erwin Schrödinger. Historical Studies in the Physical Sciences 10 (1979) 225–269.

[56] P. Hanle: The Coming of Age of Erwin Schrödinger: His Quantum Statistic of Ideal Gases. Archive for History of Exact Sciences 17 (1977) 165–192.

[57] P. Hanle: The Schrödinger-Einstein correspondence and the sources of wave mechanics. American Journal of Physics 47 (1979) 644–648.

[58] A. Hermann (Hrsg.): Die Wellenmechanik. Dokumente der Naturwissenschaft, Band 3. Stuttgart 1963.

[59] A. Hermann: Erwin Schrödinger. Dictionary of Scientific Biography. Vol. XII. New York 1975, S. 217–223.

[60] F. Herneck: Bahnbrecher des Atomzeitalters. Berlin 1970.

[61] D. Hoffmann: Erwin Schrödinger. Physik in der Schule 15 (1977) 456–460.

[62] H. Kragh: On the History of early Wave Mechanics. Tekster fra Roskilde Universitetscenter Nr. 23/1979.

[63] H. Kragh: Schrödingers Notebooks and the birth of Wave Mechanics. Proceedings of the 16th International Congress of the History of Science. Vol. A, S. 146, Bucharest 1981.

[64] F. Kubli: Louis de Broglie und die Entdeckung der Materiewellen. Archive for History of Exact Science 7 (1970) 26–80.

[65] B. Lange: Erwin Schrödinger. In: Materialien zum Kolloquium „Erwin Schrödinger und die Entwicklung wissenschaftlicher Denkstile". Institut für Wissenschaftstheorie der DAW, Berlin 1971.

[66] G. Ludwig (Hrsg.): Wellenmechanik. Berlin 1970.

[67] J. A. D. Matthew: Erwin Schrödinger 1887–1961. Physics Education 10 (1975) 357–360.

[68] D. Morawski: Bemerkungen zu Erwin Schrödingers Auffassungen vom Naturgesetz. Wissenschaftliche Zeitschrift der Ernst-Moritz-Arndt-Universität XX (1971), Mathematisch-Naturwissenschaftliche Reihe Nr. 3, S. 171.

[69] R. Olby: Schrödingers Problem: "What is Life?" Journal of the History of Biology 4 (1971) 119–148.

[70] H. Paul: Die Schrödingersche Begründung der Quantenmechanik. Wissenschaft und Fortschritt 22 (1972) 344–346.

[71] M. Planck: Rezension der „Abhandlungen zur Wellenmechanik". Deutsche Literaturzeitung 1928, S. 58–61.

[72] K. Przibram (Hrsg.): Briefe zur Wellenmechanik. Wien 1963.

[73] V. Raman, P. Forman: Why was it Schrödinger who developed de Broglie's ideas? Historica Studies in the Physical Sciences 1 (1969) 291–314.

[74] W. T. Scott: Erwin Schrödinger. Amherst 1967.

[75] R. Sexl: Schrödinger's Contribution to Relativity. In: W. Thirring, P. Urban (Hrsg.): 50 years Schrödinger Equation. Acta Physica Austriaca. Suppl. XVII (1977).

[76] Fifteen year report school of theoretical physics. Dublin Institute for Advanced Studies. Dublin 1961.

C) Archivalien, Briefwechsel

[77] Archiv der Friedrich-Schiller-Universität Jena. M 628, Bl. 145; 194.

[78] Archiv der Humboldt-Universität Berlin. Personalia Schrödinger, Bl. 20.

[79] Archiv der Humboldt-Universität zu Berlin. Personalia Schrödinger, Bl. 48.

[80] Archiv der Akademie der Wissenschaften der DDR. Akte 100/359, Bl. 473/48.

[81] Brief V. F. Weisskopf an den Autor (30. 4. 1979).

D) Andere bei der Arbeit benutzte Literatur

[82] M. Born: Mein Leben. München 1975.

[83] J. Cairns, G. Stent, J. D. Watson: Phasen und die Entwicklung der Molekularbiologie. Berlin 1972.

[84] A. Einstein/M. Born: Briefwechsel. Hamburg 1969.

[85] A. Einstein/A. Sommerfeld: Briefwechsel. Stuttgart 1968.

[86] A. Einstein: Quantentheorie des einatomigen Gases. Sitzungsberichte der Preußischen Akademie der Wissenschaften 1925, S. 3–14.

[87] W. Heisenberg: Über den anschaulichen Inhalt der quantentheoretischen Kinematik und Mechanik. Zeitschriften für Physik 33 (1925) 172–198.

[88] W. Heisenberg: Der Teil und das Ganze. München 1972.

[89] A. Hermann: Die Jahrhundertwissenschaft. Stuttgart 1977.

[90] L. Infeld: Leben mit Einstein. Wien 1969.

[91] A. F. Joffe: Begegnung mit Physikern. Leipzig 1967.

[92] Chr. Kirsten, H. J. Treder (Hrsg.): Physiker über Physiker I. Berlin 1975.

[93] Chr. Kirsten, H. J. Treder (Hrsg.): Physiker über Physiker II. Berlin 1979.

[94] Th. S. Kuhn et. al.: Sources for History of Quantum Physics. Philadelphia 1967.

[95] J. Mehra: The Solvay Conferences on physics. Dodrecht 1975.

[96] W. Pauli: Wissenschaftlicher Briefwechsel Bd. 1. Berlin, Heidelberg, New York 1979.

[97] R. Rompe, H. J. Treder: Über Physik. Berlin 1979.

[98] U. Röseberg: Quantenmechanik und Philosophie. Berlin 1978.

[99] H. Vogel: Zum philosophischen Wirken Max Plancks. Berlin 1961.

[100] H. Vogel: Physik und Philosophie bei Max Born. Berlin 1968.

[101] J. D. Watson: Die Doppel-Helix. Hamburg 1969.

[102] A. Sommerfeld: Atombau und Spektrallinien II. Braunschweig 1929.

[103] Louis de Broglie und die Physiker. Hamburg 1955.

[104] F. Hund: Geschichte der Quantentheorie. Mannheim 1975.

[105] W. Elsasser: Memoirs of an Physicist in the atomic age. New York, Bristol 1978.

Personenregister

Biographien
hervorragender Naturwissenschaftler,
Techniker und Mediziner

W. Stolz, Freiberg

Otto Hahn/Lise Meitner

97 Seiten mit 20 Abbildungen. (Band 64)
Kartoniert 4,80 M; Ausland 6,80 M
Bestell-Nr. 666 142 9   Bestellwort: Stolz, Hahn/Meitner

H. Cassebaum, Magdeburg

Carl Wilhelm Scheele

108 Seiten mit 8 Abbildungen und 2 Tabellen. (Band 58)
Kartoniert 6,80 M; Ausland 8,60 M
Bestell-Nr. 665 990 0   Bestellwort: Cassebaum, Scheele

Inhalt:
Das Leben von C. W. Scheele · Spezielle Forschungsthemen
C. W. Scheeles · Die grundlegende Bedeutung von Scheeles
Entdeckungen · Die Persönlichkeit C. W. Scheeles · Schluß ·
Begriffs-Erläuterungen

L. Dunsch, Dresden

Humphry Davy

75 Seiten mit 8 Abbildungen. (Band 62)
Kartoniert 4,80 M; Ausland 6,80 M
Bestell-Nr. 666 111 1   Bestellwort: Dunsch, Davy

Inhalt:
Einleitung · Kindheit und Jugend in Cornwall · Assistent an
Dr. Beddoes' „Pneumatic Institution" · Professor an der Royal
Institution · Reisen zum Kontinent — Privatgelehrter in Eng-
land · Präsident der „Royal Society" · Letzte Tage eines Natur-
forschers · Chronologie

BSB B. G. Teubner Verlagsgesellschaft · Leipzig

Lieferbar in dieser Reihe:

Band	Autor und Titel	Preis	Bestell-Nr.
22	Werner: W. Weber	3,50	665 772 9
29	Wołczeck: M. Skłodowska-Curie	6,50	665 833 4
30	Rodnyj/Solowjew: W. Ostwald	18,50	665 774 5
31	Kaiser: J. A. Segner	4,50	665 840 6
34	Halameisär/Seibt: N. I. Lobatschewski	4,60	665 870 5
35	Jahn/Senglaub: C. v. Linné	6,20	665 876 4
36	Tutzke: A. Grotjahn	4,60	665 882 8
37	Kästner: J. Gutenberg	3,50	665 866 8
39	Bürger: Chr. Kolumbus	6,80	665 931 0
42	Herneck: M. v. Laue	4,90	665 920 6
43	Kosmodemjanski: K. E. Ziolkowski	10,50	665 930 2
44	Jaworski: L. Hirszfeld	4,80	665 995 1
45	Ilgauds: N. Wiener	4,80	665 983 9
46	Körber: A. Wegener	4,80	665 991 9
47	Biermann: A. v. Humboldt	6,80	666 006 3
48	Zirnstein: Ch. Lyell	6,80	665 992 7
49	Goetz: G. Chr. Lichtenberg	6,80	665 986 3
50	Tobies: F. Klein	6,80	666 026 6
51	Richter-Meinhold: H. Bessemer und S. G. Thomas	4,80	666 039 7
52	Kirchberg/Wächtler: C. Benz, G. Daimler und W. Maybach	6,80	666 042 6
53	Sittauer: J. Watt	6,80	666 038 9
54	Ruff: E. du Bois-Reymond	6,80	666 037 0
55	Krüger: W. I. Wernadskij	6,80	666 033 8
56	Thiele: L. Euler	9,60	666 045 0
57	Herrmann: K. F. Zöllner	4,80	666 086 4
58	Cassebaum: C. W. Scheele	6,80	665 990 0
59	Sittauer: F. G. Keller	6,80	666 092 8
60	Jürß/Ehlers: Aristoteles	6,80	666 057 3
61	Engewald: G. Agricola	6,80	666 113 8
62	Dunsch: H. Davy	4,80	666 111 1
63	Kant: A. Nobel	6,80	666 152 5
64	Stolz: O. Hahn, L. Meitner	4,80	666 142 9
65	Ullmann: E. F. F. Chladni	4,80	666 143 7